PÉTROLE APOCALYPSE

Sauver la Terre, avec Agnès Sinaï, Fayard, 2003.
Stratégie et moyens de développement de l'efficacité énergétique et des sources d'énergie renouvelables en France. Rapport au Premier ministre, La Documentation française, 2000.
Quelle transformation de la société ?, avec Jean-Christophe Cambadélis et Gilbert Wassermann, Éditions de l'Atelier, 1995.

Yves Cochet

Pétrole apocalypse

Fayard

© Librairie Arthème Fayard, 2005.
ISBN : 978-2-213-62204-0

« La détermination générale de l'énergie parcourant le domaine de la vie est-elle altérée par l'activité de l'homme ? Ou celle-ci, au contraire, n'est-elle pas faussée dans l'intention qu'elle se donne, par une détermination qu'elle ignore, néglige, et ne peut changer ? J'énoncerai, sans attendre, une réponse inéluctable. La méconnaissance par l'homme des données matérielles de sa vie le fait errer gravement. »

Georges Bataille, *La Part maudite*, 1949.

Introduction

Au début du XXIe siècle, dans nos sociétés européennes, la vie individuelle semblait prendre son temps. Chaque matin nous laissait imaginer les projets, les actions, les joies et les peines qui se déploieraient pendant la journée. Nous supposions que demain il en serait de même pour nous et nos enfants, en mieux peut-être, malgré les difficultés économiques et sociales.

Nous avions de l'eau à boire. De l'eau du robinet ou en bouteille. Nous n'y faisions plus attention. L'eau coulait, claire et rafraîchissante. Il fallait la payer, bien sûr, mais nous étions certains de sa potabilité. Peu importait d'où elle provenait, elle arrivait dans notre cuisine, sur notre table.

Nous achetions ce qu'il fallait pour manger. N'étions-nous pas allés au marché du samedi butiner le long des étals ? Nous rapportions nos cabas pleins et remplissions le frigo. Nous préparions le repas à notre goût, en évitant les produits transgéniques ou pollués par les pesticides. Variée, piquante ou douce, simple ou élaborée, la nourriture nous satisfaisait souvent.

Nous aimions les voyages. Ceux que nous faisions quand nous en avions les moyens et la disponibilité. Comme ceux dont nous rêvions devant les panneaux publicitaires ou l'écran de la télévision. « Cette année, j'économise pour aller en Égypte. Dans deux ans, j'espère pouvoir participer au carnaval de Rio. Il paraît que c'est formidable. » Nous avions l'impression que le monde entier nous était accessible.

Tout cela ne nous semblait pas être l'essentiel. Nous aimions surtout les activités libres. Celles que nous effectuions pour notre plaisir. Les rencontres, les conversations, les fêtes, les amitiés et les amours ; le sport, la musique, la lecture et le cinéma, les opinions et l'engagement. Notre famille et nos amis faisaient comme nous. La majorité des habitants de notre pays aussi. Nous prenions le temps de vivre.

Aujourd'hui, le temps n'est plus de notre côté. Chaque jour qui passe nous rapproche d'un choc imminent que nous ignorons : *la fin de l'ère du pétrole bon marché*. Elle aura duré cent cinquante ans, elle s'achève. Il est sans doute difficile de croire qu'un problème apparemment si étroit puisse à lui seul bouleverser gravement nos modes de vie, dans tous les domaines, sur tous les continents. Pourtant, l'analyse complète des paramètres en jeu conduit à penser que la hausse du cours des hydrocarbures ne sera pas un simple choc pétrolier, ce sera la fin du monde tel que nous le connaissons.

Ce choc dont nous apercevons les prémisses provient de la coïncidence, en l'espace de quelques années, de trois situations inédites : une situation géologique, avec le déclin définitif de la production de pétrole ; une situation économique, avec un excès structurel de la demande mondiale de pétrole par rapport à l'offre ; une situation géopolitique, avec une intensification du terrorisme et des guerres pour l'accès à ce pétrole encore indispensable mais devenu décroissant. Un triple choc, donc.

Se renforçant mutuellement, ces trois ensembles de conditions provoqueront d'abord une hausse des prix des produits pétroliers, puis du gaz et de l'énergie, enfin de toutes les denrées et de tous les services, innombrables, qui en dépendent et meuvent nos sociétés. Si aucun programme d'urgence tel que celui esquissé dans le dernier chapitre n'est mis en œuvre, nous entrerons dans une période d'inflation et de récession, de chaos social et de conflits internationaux.

Il est encore possible de repousser un peu l'arrivée de ce choc et d'en limiter les effets par la mise en œuvre d'une *sobriété* nouvelle, seule issue à cette épreuve sans précédent à l'échelle mondiale. Elle implique d'organiser la décroissance de la consommation et des échanges de matières et d'énergie, d'orienter l'économie vers une perspective d'autosuffisance décentralisée, tout en sauvegardant la solidarité, la démocratie et la paix. À ce prix seulement, la transition pourra être moins douloureuse.

CHAPITRE 1

Le pic de Hubbert

En 1956, King Hubbert, géologue à la société Shell, publia un article peu remarqué[1] : il y affirmait que la production pétrolière des États-Unis, la plus importante du monde à cette époque, allait croître jusqu'en 1970, puis décliner inexorablement ensuite. La prévision de Hubbert était basée sur l'observation que, pour une région suffisamment vaste, le volume annuel de l'extraction pétrolière suit une courbe en cloche qui atteint son maximum lorsque environ la moitié de la réserve est extraite[2]. Quatorze années plus tard, l'histoire lui donna raison : la production américaine culmina en 1970, et elle ne cesse de décroître depuis.

Ce déclin incita-t-il les Américains à engager une politique de moindre dépendance de leur économie à l'égard du pétrole ? Nullement. Ils continuèrent, et continuent toujours, de consommer des quantités croissantes d'hydrocarbures au prix d'importations de plus en plus volumineuses. Cette dépendance extérieure n'échappa pas à l'Organisation des pays exportateurs de pétrole (l'OPEP), qui profita de la guerre du Kippour, en 1973, pour imposer un embargo et

---

1. King Hubbert, « Nuclear energy and the fossil fuels », *American Petroleum Institute of Drilling and Production Practice*, *Proceedings*, Spring Meeting, San Antonio, Texas, 1956, pp. 7-25.
2. Colin Campbell et Jean Laherrère, « La fin du pétrole bon marché », *Pour la science*, n° 247, mai 1998, pp. 30-36.

13

faire quadrupler en quelques mois le prix du brut. Le leader-
ship mondial de fixation des prix passa rapidement des
États-Unis à l'Arabie Saoudite, de Houston à Riyad. Cependant, l'Amérique du Nord, comme l'Europe, était suffisamment riche pour prolonger son addiction au pétrole. En
1979, la chute du shah d'Iran fut une seconde occasion pour
l'OPEP de conforter sa maîtrise des cours du baril en réédi-
tant un embargo pétrolier plus douloureux encore pour les
pays industrialisés, qui durent payer des centaines de milliards de dollars leur soif d'or noir. Le président Jimmy
Carter énonça alors une doctrine établissant que les Américains emploieraient tous les moyens pour garantir leur
approvisionnement pétrolier. Les guerres d'Irak, en 1991 et
en 2003, en sont les illustrations tragiques.

Aujourd'hui, les Occidentaux ne disposent plus d'une
corne d'abondance comme il y a trente ans, quand ils trou-
vaient encore des fournisseurs orientaux pour leur vendre le
pétrole au prix fort. Nous n'avons plus un ailleurs d'où
importer aisément ces hydrocarbures dont nous sommes si
dépendants. Car la situation américaine des années 70 s'est
à présent étendue au monde entier : tandis que la demande
de pétrole ne cesse de croître, la production mondiale est en
passe d'atteindre son maximum, avant de décliner bientôt.
Aujourd'hui, le sevrage s'impose. La fête est finie [1].

LES DONNÉES GÉOLOGIQUES

La baisse de la quantité de pétrole est nommée « déplétion ». Cette ressource n'étant pas renouvelable, sa diminution est inexorable. Au sens strict, la déplétion pétrolière a

---

1. Richard Heinberg, *The Party's Over*, New Society Publishers,
Gabriola Island, 2003.

donc commencé dès l'extraction du premier baril. Les Américains prétendent que celui-ci fut extrait par le colonel Drake, à Titusville (Pennsylvanie), en 1859. Mais les Français savent bien qu'il le fut plus d'un siècle auparavant, en 1745, par Ancillon de la Sablonnière, à Pechelbronn (Alsace). Dans son sens plus large, la « déplétion » indique la décroissance définitive du volume annuel de l'offre de pétrole d'une région, après une longue période de croissance quasi ininterrompue.

La formation des hydrocarbures date de plusieurs dizaines de millions d'années. La majeure partie d'entre eux remontent à deux époques de réchauffement planétaire extrême, il y a 90 et 140 millions d'années. Lors de ces périodes chaudes, la biomasse marine, animale et végétale, mourut, se déposa au fond des océans ou des lagunes, où elle se décomposa rapidement. Mais une petite partie de cette biomasse – environ un millième – fut préservée lorsqu'elle s'entassa au sein de creux pauvres en oxygène et en bactéries, comme le sont les fonds lacustres et les mers fermées. Ces débris organiques se mélangèrent alors aux dépôts sédimentaires charriés par les fleuves.

Au cours des millions d'années qui suivirent, les plaques continentales se fracturèrent et les eaux envahirent les rifts. L'océan Atlantique, par exemple, se forma à partir des fractures apparues il y a 140 millions d'années sur le continent unique de l'époque, le Gondwana. La séparation de l'Afrique et de l'Amérique du Sud donna ainsi naissance aux actuels gisements sous-marins (dits « offshore ») du Nigeria, du Congo, de l'Angola et du Brésil. La matière organique s'enfouissant sous les sédiments apportés par les fleuves se mua en vases noirâtres qui s'accumulèrent pendant des millions d'années. Vers 2 000 m de profondeur, ces vases se transformèrent en assemblages macromoléculaires de produits carbonés, sous des conditions de pression et de température favorables. Avec l'augmentation du poids des sédiments et la profondeur, accroissant pression et température, les macromolécules se cassèrent et se transformèrent en hydrocarbures.

Une fois formé, le pétrole a tendance à migrer vers le haut sous l'action de la pression. Une partie se dissipe dans les couches intermédiaires, une autre parvient jusqu'au sol, qu'elle imprègne. Ainsi, il y a sept millénaires, en Mésopotamie (l'actuel Irak), le bitume suintant était récolté en surface pour jointoyer les briques de terre des jardins suspendus de Babylone, pour étanchéifier les barques de roseaux qui circulaient sur le Tigre et l'Euphrate, et pour oindre les nourrissons afin d'écarter les mauvais esprits [1].

Une dernière partie de ce pétrole, enfin, se retrouve piégée par des déformations des roches (anticlinaux, failles) et par des couches supérieures imperméables (d'argile, de sel), qui garantissent la pérennité du piège [2].

Ces pièges donnent naissance aux gisements d'hydrocarbures. N'imaginons pas un gisement comme une caverne souterraine remplie de pétrole. Celui-ci se trouve sous forme de gouttelettes dans les minuscules pores de la roche. Souvent, du gaz naturel, plus léger, est également piégé au-dessus du pétrole. Au-dessous, l'eau remonte à mesure que le pétrole est extrait. Au début de l'extraction, la pression à l'intérieur du gisement est suffisante pour que le pétrole remonte jusqu'au pied du puits et que la production s'accroisse jusqu'à un maximum. Lorsque la réserve est à moitié épuisée, la baisse de la pression entraîne la décroissance de l'extraction.

---

1. Pierre-René Bauquis et Emmanuelle Bauquis, *Pétrole et gaz naturel*, Éditions Hire, Strasbourg, 2004.
2. Colin Campbell, « The pressing need for an oil depletion protocol », *Workshop on Oil & Gas Resources*, Berne, 27 février 2004.

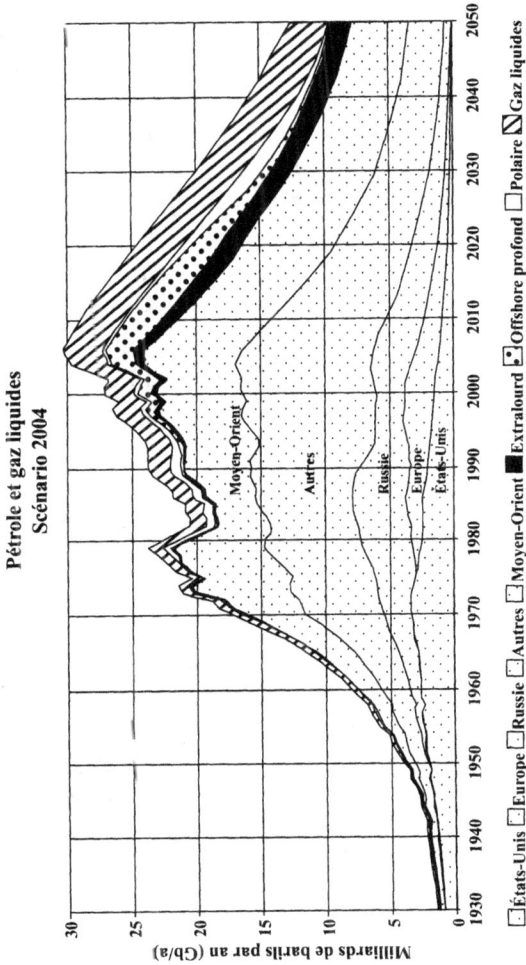

*Figure 1. Schéma général de la déplétion
des hydrocarbures liquides [1].*

---

1. Association for the Study of Peak Oil & Gas (ASPO), juin 2005.
L'ASPO est un rassemblement de géologues pétroliers à la retraite,
d'universitaires européens et de personnalités du monde pétrolier. Site :
www.peakoil.net.

Le problème que pose l'actuelle déplétion pétrolière n'est donc pas celui de l'épuisement définitif de cette ressource – il y aura encore beaucoup de pétrole dans trente ans. C'est celui du temps de son déclin, sitôt après que l'extraction pétrolière aura franchi son maximum. Cette époque est la nôtre : l'ensemble de la production mondiale devrait en effet atteindre son pic maximal vers 2007, puis décliner ensuite d'environ 2,5 % par an (voir figure 1).

Les cinq premières couches représentées correspondent au pétrole conventionnel, c'est-à-dire facile à extraire. Ce schéma montre une production de pétrole conventionnel pratiquement plate depuis quelques années, et qui atteindra son pic vers 2006, pour décliner ensuite. La couche noire représente les huiles extralourdes – principalement en provenance du Canada et du Venezuela –, dont la production augmentera légèrement, mais à des coûts financiers, énergétiques et environnementaux élevés. Les trois couches supérieures, qui figurent le pétrole offshore profond, le pétrole polaire (extrait de la zone arctique) et le gaz liquide, sont, comme l'extralourd, des hydrocarbures liquides non conventionnels, extraits dans des conditions difficiles, et dont la production culminera plus tard. Cependant, le volume annuel des liquides non conventionnels sera insuffisant pour compenser la décroissance du volume des conventionnels.

Controverses

La méthode de Hubbert n'est pas la seule à être utilisée pour estimer l'évolution future de la production de pétrole brut. Elle est même très minoritaire parmi les méthodes prévisionnelles. La plus couramment employée auprès du grand public par la plupart des porte-parole des compagnies pétrolières et des économistes de l'énergie consiste à diviser l'estimation des réserves par la production actuelle (ratio R/P, réserves/production). Cette opération sommaire permet d'énoncer que « nous avons encore trente-cinq années de pétrole devant nous au rythme actuel de consommation mondiale », et de sous-entendre que la situation présente ne pose donc aucun problème. En réalité, ce calcul n'a aucun sens économique dans la mesure où il ne dit rien du prix du baril dans vingt ans, ni des incertitudes concernant les réserves et la consommation mondiale future – qui sera tout sauf constante. Il n'a pas non plus de sens géologique puisqu'il suppose que la production pourrait se maintenir telle quelle – ou même croître – pendant trente-cinq ans jusqu'à épuisement total du pétrole, puis s'effondrer à zéro le jour d'après. Image assez prégnante nous rappelant celle de notre automobile, qui peut encore accélérer juste avant la panne sèche. Mais le profil de production du pétrole n'est pas du tout celui-là. L'objet de ce livre n'est pas la fin totale du pétrole, mais la fin du pétrole bon marché et l'évolution du monde après le pic de Hubbert. Ce n'est pas parce que la production mondiale augmente encore aujourd'hui que nous ne sommes pas tout proches du pic. En bref, le ratio R/P est un instrument si rudimentaire que l'on ne peut en déduire aucune prévision sérieuse. Pourtant, ce quotient est largement diffusé par les professionnels et repris sans l'ombre d'une critique par les journalistes et les commentateurs.

Une autre approche, essentiellement économique, se fonde sur le constat d'une très longue tendance à la croissance de la demande mondiale de pétrole, puis extrapole cette tendance pour prédire des augmentations significatives de la consommation mondiale en 2020 et 2030, en supposant par principe que la production future sera toujours capable de satisfaire cette demande. C'est la méthode de l'Agence internationale de l'énergie (AIE), l'un des organismes internationaux les plus actifs en matière de prévision énergétique, qui publie année après année des tableaux merveilleux de la consommation énergétique mondiale (voir figure 2 ci-dessous). Selon l'AIE, toutes les sources d'énergie primaire vont croître dans les trente prochaines années, notamment le pétrole brut.

	1971	2002	2010	2030	Croissance annuelle
Charbon	1 407	2 355	2 702	3 606	1,40%
Pétrole	2 413	3 604	4 772	5 769	1,60%
Gaz	892	2 085	2 794	4 203	2,40%
Nucléaire	29	674	753	703	0,10%
Hydro	104	228	274	366	1,60%
Biomasse et déchets	687	1 119	1 264	1 605	1,30%
Autres renouvelables	4	55	101	256	5,70%
Total	5 536	10 345	12 194	16 487	1,70%

Figure 2. Demande mondiale d'énergie primaire (en millions de tonnes équivalent pétrole-Mtep) [1].

L'approche prévisionnelle de l'AIE nous paraît entièrement fausse, puisqu'elle ne tient aucun compte des capacités géologiques de l'offre. La méthode de Hubbert, sur laquelle nous fondons notre raisonnement dans sa dimension géologique, nous semble être la plus juste bien qu'elle ne soit pas exempte de défauts. Sur plusieurs exemples historiques, elle a déjà montré sa pertinence, lorsque la configuration écono-

---

1. Agence internationale de l'énergie, *World Energy Outlook 2004*, Paris, 2004, p. 59.

mique de la région considérée était celle du marché, c'est-à-dire avec des acteurs cherchant à maximiser leurs profits. Cependant, cette méthode est elle aussi approximative, ne permettant évidemment pas de prédire certaines fluctuations ponctuelles du marché pétrolier. La méthode de Hubbert ne peut tenir compte d'événements qui réduiraient la demande mondiale de pétrole : effondrement du dollar sous l'effet d'une dette américaine excessive, ralentissement brutal de la demande chinoise, guerres ou catastrophes imprévisibles. C'est une méthode prévisionnelle pour le long terme – toutes choses étant égales par ailleurs –, non pour le mois ou l'année qui vient[1].

La déplétion pétrolière a-t-elle déjà commencé ?

Telle est la question que se pose chaque année Chris Skrebowski, rédacteur en chef de *Petroleum Review*, le magazine de l'Institut de l'énergie de Londres. Au mois d'août 2004, il a effectué un nouveau classement de la production mondiale de pétrole à partir des données statistiques annuelles publiées par la compagnie BP en juin de la même année[2]. Skrebowski présente ainsi un continuum des cinquante pays les plus producteurs, depuis ceux dont le déclin pétrolier est le plus fort – les « déplétifs » – jusqu'à ceux dont les gains de production sont les plus élevés – les « supplétifs ». Afin de lisser les éventuels biais annuels, il a moyenné les évolutions de production des pays sur les deux années 2001 et 2002, ainsi que sur les trois années 2000,

1. Ugo Bardi, « Peak oil 2004 », www.aspoitalia.net, novembre 2004.
2. Chris Skrebowski, « Depletion now running at over 1 Mb/d », *Petroleum Review*, août 2004, pp. 42-44.

2001 et 2002, pour les comparer à la production de 2003. Le classement est pratiquement stable, quelle que soit la période considérée : globalement, 18 pays sont en déclin depuis au moins trois ans[1], tandis que les 32 autres continuent d'augmenter leur production de brut. La production mondiale de pétrole en 2003 a crû de 3,7 %, soit de 2,7 millions de barils par jour[2].

Le premier résultat spectaculaire du classement est d'indiquer que ces 32 pays doivent augmenter leur production plus rapidement pour contrebalancer le déclin accéléré des 18 premiers. L'exemple le plus frappant est celui du Gabon, dont le déclin est de 8 % en 2003, moyenné sur les trois années 2000-2001-2002, mais passe à 18 % entre 2002 et 2003. Aveuglés par le seul exemple des États-Unis, dont le déclin continu a commencé en 1985 (Alaska inclus), à un taux annuel moyen de 1,6 %[3], nous nous sommes habitués à penser que la déplétion progressait lentement. L'analyse de Chris Skrebowski montre au contraire que le taux du déclin s'accroît pour la majorité des 18 pays déplétifs. D'autres pays paraissent sur le point de dépasser leur pic de Hubbert, c'est-à-dire de passer de la liste des supplétifs à celle des déplétifs : le Danemark et la Chine en 2004, peut-être la Syrie et l'Inde en 2005. Les données statistiques indiquent que la production pétrolière totale de l'Amérique du Nord a atteint son pic en 1997, celle de l'OCDE en 1998, celle de l'Asie-Océanie en 2000 et, sans doute, celle de

---

1. À cause de leur histoire géopolitique particulière en 2003, l'Irak et le Nigeria ont été exclus de la liste des pays en déclin pour effectuer les calculs.

2. Ce résultat est la différence entre le déclin total des 18 pays déplétifs, soit −1,1 million de barils par jour (Mb/j), et l'accroissement de production des 32 supplétifs, soit +3,82 Mb/j.

3. Le taux américain de déplétion est aujourd'hui proche de 4 % par an.

l'Amérique latine en 2002. À mesure que la liste des pays déplétifs s'allongera au détriment de celle des supplétifs, ces derniers détiendront un surcroît de pouvoir financier et politique, lequel sera d'autant plus fort qu'il sera concentré entre les mains d'un nombre restreint de pays et que leur capacité de production demeurera élevée. Ce resserrement ne présage rien de bon, tant économiquement que géopolitiquement.

Cette analyse paraît cependant un peu statique du fait qu'elle ne prend pas en compte les succès éventuels de l'exploration pétrolière et les projets de mise en exploitation pour dégager de nouvelles productions susceptibles de contrebalancer la déplétion. Il importe donc d'examiner l'ensemble des grands projets actuels – ceux dont les réserves estimées sont supérieures à 500 millions de barils et dont le potentiel extractif quotidien paraît supérieur à 100 000 barils par jour – tant il est vrai qu'eux seuls comptent vraiment et qu'il faut estimer en moyenne six ans entre la découverte et la mise en exploitation. Derechef, Chris Skrebowski a mené une étude complète dans ce domaine en 2004[1]. Le pétrole offshore domine la majorité de ces grands projets. De 2003 à 2007, les quelques dizaines de grands projets qui entreront en activité semblent capables d'équilibrer tout à la fois la déplétion sur la même période et de satisfaire la croissance de la demande mondiale[2].

Au-delà de 2007, la situation est plus problématique. Seuls trois grands projets sont connus pour 2007, et trois autres pour 2008. Les années 2009 et 2010 sont incertaines, bien que 23 projets d'extension de capacités déjà existantes

---

1. Chris Skrebowski, « Oil field mega projects 2004 », *Petroleum Review*, janvier 2004, pp 18-20.
2. Capacité productive potentielle de l'ordre de 8 Mb/j pour une déplétion d'environ 4 Mb/j et une croissance de la demande mondiale de quelque 4 Mb/j également.

soient possibles, tous situés dans des pays de l'OPEP, en Russie ou dans les mers profondes au large de l'Angola ; en font aussi partie le réservoir Great White, opéré par Shell dans le golfe du Mexique, et une accumulation dans le bassin du Cuu Long au Vietnam. Pour la fin de cette décennie, la grande inconnue reste la restauration et l'extension des capacités de production de l'Irak.

Qu'en est-il des découvertes ? Elles ont atteint leur maximum vers 1965 pour décliner ensuite, et, depuis plus de vingt ans, leur volume ne compense plus celui d'une consommation croissante (voir annexe 1, figure 1). Cette longue tendance semble se confirmer si l'on affine l'analyse en se concentrant sur ces dernières années. La firme américaine IHS Energy, qui tient l'une des meilleures bases de données mondiales sur les hydrocarbures et en vend les chiffres au prix fort, a envoyé récemment à ses clients une carte des découvertes significatives [1] pour les années 2000, 2001 et 2002. Seize d'entre elles datent de l'an 2000, huit de 2001 et trois de 2002. Ce déclin rapide des découvertes peut expliquer que peu de grands projets soient ouverts à la fin de cette décennie. En outre, la valeur nette de tous les gisements découverts par les cinq plus grandes compagnies pendant les années 2001-2003 est inférieure à leurs coûts d'exploration, ce qui n'incite guère ces « majors » à poursuivre les recherches. Enfin, depuis le mini-krach des cours du baril de 1998, les managers des grandes compagnies tendent à moins investir dans l'exploration – une chute de 30 % depuis 1998 – et sont plus soucieux de dégager chaque année assez de bénéfices pour satisfaire leurs actionnaires. Malgré des cours du baril en hausse tendancielle depuis sept ans – donc des profits proportionnellement croissants –, les dirigeants préfèrent forcer l'extraction des réserves exis-

1. Réserves estimées supérieures à 500 millions de barils.

tantes plutôt qu'investir dans la recherche de nouveaux réservoirs. La baisse des prix de 1998 et la discipline financière imposée par les actionnaires les incitent à n'investir dans un nouveau projet que si son coût à long terme est évalué au-dessous des 20 dollars le baril extrait.

Cette prudence en matière d'exploration, compréhensible en 1998, est l'une des causes actuelles de la faible marge de manœuvre de l'offre et de la hausse des cours. L'entreprise écossaise de consultants Wood Mackenzie lui attribue la responsabilité principale du pic de production des dix plus grandes compagnies privées mondiales, qu'elle prévoit en 2008. Même ces analystes orthodoxes s'inquiètent de la discipline rentière imposée par les marchés financiers, l'appât du gain à court terme conduisant la direction des entreprises à des idées courtes. Cette prévision, bien que rejoignant la mienne autour d'une même date, s'appuie cependant sur le raisonnement traditionnel des économistes pétroliers, qui suppose qu'en investissant suffisamment dans l'exploration on finit par découvrir de nouvelles réserves à coûts d'extraction raisonnables, permettant une croissance de l'offre.

Le décalage entre découvertes et production nous conduit à la « seconde méthode de Hubbert », qui permet d'estimer elle aussi la date du pic, mais sans avoir une connaissance précise des réserves : en relevant le volume des découvertes réalisées année après année sur une longue période et sur un territoire donné (par exemple sur un siècle aux États-Unis) et les volumes de production pour la même période et le même territoire, on obtient deux courbes à peu près semblables, avec un décalage de plusieurs années (voir annexe 1, figure 2). Cette similitude indique que l'évolution des découvertes ressemble à celle de la production. Les découvertes ayant déjà culminé, la production culminera à son tour quelques années plus tard.

Incertitudes et polémiques sur les réserves

Les experts des compagnies pétrolières et les chercheurs en économie de l'énergie s'accordent-ils tous sur le schéma de la déplétion pétrolière (figure 1, p. 17) ? Aucunement. Bien que le pétrole soit la matière première la plus profitable du monde – au vu des gigantesques bénéfices des compagnies privées ou nationalisées de ce secteur –, les incertitudes sont fortes et les polémiques font rage sur les quantités de pétrole déjà extraites, sur le volume des réserves récupérables et sur les quantités de brut restant à découvrir.

L'estimation du volume de pétrole déjà extrait devrait être la donnée la plus sûrement établie. Il suffit, en principe, de consulter les publications annuelles des compagnies pétrolières qui indiquent combien de barils sont sortis de leurs puits. La somme de ces quantités annuelles pour toutes les compagnies, puis pour toutes les années depuis 1859, aboutit à une production cumulée d'environ 1 000 milliards de barils de liquides pétroliers à la fin de l'année 2004, à 1 ou 2 % près. Nous entendons par « liquides pétroliers » le pétrole conventionnel (y compris le gaz naturel liquide), mais aussi les sables asphaltiques, les huiles extralourdes, l'offshore profond et le polaire. Les sables asphaltiques et les huiles extralourdes sont des pétroles altérés très visqueux. On trouve les premiers dans la province de l'Alberta, au Canada, et les secondes autour de l'Orénoque, au Venezuela. L'offshore profond désigne le pétrole extrait en mer à plus de 500 m sous la surface, et le polaire celui exploité au-delà des latitudes nord de 66,6°. Ces pétroles non conventionnels sont peu exploités aujourd'hui.

L'estimation des réserves est beaucoup plus incertaine. La compagnie BP les évalue à 1 148 milliards de barils fin 2003 [1]. L'hebdomadaire de référence *Oil and Gas Journal*

---

1. Michael Smith, *BP Statistical Review of World Energy 2004*, juin 2004.

les estime plutôt à 1 266 milliards de barils [1], tandis que l'ASPO indique une fourchette allant de 905 milliards de barils pour le seul pétrole conventionnel à 1 360 milliards de barils si l'on additionne tous les « liquides » [2]. Ces chiffres, du même ordre de grandeur mais néanmoins assez différents, sont doublement trompeurs. Tout d'abord parce qu'ils ne comptabilisent pas les mêmes substances. Les estimations de BP – qui ont augmenté de presque 10 % entre 2002 et 2003 – ont, entre autres, pris en compte en 2004 près de 11 milliards de barils de sables asphaltiques canadiens classés dans la catégorie « en exploitation active », sur un gisement prétendu « potentiellement récupérable » de 174 milliards de barils extraits de tels sables. Mais, de son côté, l'*Oil and Gas Journal* a inclus dans son chiffre la totalité de ces 174 milliards de barils canadiens. L'ASPO, pour sa part, distingue les estimations « politiques » [3] – c'est-à-dire affichées par une entité (l'*Oil and Gas Journal*, BP ou l'OPEP) selon l'image qu'elle désire que les autres acteurs aient d'elle – et les estimations « techniques » – recensées par deux entreprises privées de statistiques mondiales [4]. Il n'existe donc pas de problèmes méthodologiques insurmontables pour estimer les réserves. La confusion des résultats provient plutôt des volontés politiques qui distordent les données pour présenter une image respectable et profitable.

Les différentes estimations sont également trompeuses car issues d'un apparent consensus entre les autorités qui se copient les unes les autres sans qu'il soit possible de déter-

---

1. AIE, *World Energy Outlook 2004*, op. cit., p. 90.
2. ASPO, newsletter n° 53, mai 2005, p. 3.
3. Jean Laherrère, « Estimates of oil reserves », *IIASA-International Energy Workshop*, Laxenburg, Autriche, 19 juin 2001, p. 4.
4. L'écossaise Wood Mackenzie et l'américaine IHS, dont les chiffres ne sont pas identiques.

miner la base de données initiale incontestable qui fonderait les chiffres. La distinction politique/technique n'est donc pas satisfaisante en l'état. Elle suppose qu'une vérité objective et confidentielle sur l'évolution des réserves est détenue par deux sociétés privées qui la vendent au prix fort à quelques organismes ou entreprises. Libre ensuite à ceux-ci de les manipuler comme ils l'entendent. Ce n'est pas ainsi que la science procède pour approcher la vérité.

L'acquisition et la mise à jour des données géologiques sur les hydrocarbures devraient être la tâche d'un organisme scientifique indépendant, transparent, onusien. Or, bien que le phénomène de la déplétion des hydrocarbures soit du même ordre d'importance que celui du changement climatique, il n'existe pas, pour le pétrole et le gaz naturel, d'aréopage de savants internationaux comparable à celui que constitue depuis quinze ans le Groupe intergouvernemental sur l'évolution du climat (GIEC). Cette dissymétrie ne tient pas seulement au fait que l'atmosphère est un bien commun qui n'appartient à personne, tandis que les hydrocarbures sont considérés comme la propriété des États qui les recèlent dans leur sous-sol (sauf aux États-Unis, où ils appartiennent aux propriétaires des terrains). Elle tient surtout à la volonté des acteurs les plus importants du secteur de masquer l'état de leurs réserves afin de continuer le jeu du bluff et des déclarations avantageuses, selon la logique spéculative des marchés financiers.

Ainsi, une compagnie pétrolière essaie évidemment d'estimer le plus exactement possible la taille du champ qu'elle exploite. Cependant, elle ne rapporte dans son bilan que ce qui lui semble nécessaire à l'obtention d'un bon résultat financier, et notamment, sous l'influence des règles comptables de la Securities and Exchange Commission américaine (SEC), ce qu'elle peut obtenir comme emprunt, garanti par le volume de ses réserves prouvées, tout en minimisant les taxes dont elle doit s'acquitter. C'est pourquoi, la plupart du temps, les chiffres des réserves d'une compagnie s'accroissent d'une année sur l'autre. Non qu'il y ait plus de pétrole dans son sous-sol, mais cette hausse artificielle comble les actionnaires et satisfait les dirigeants, en promouvant une bonne image de la compagnie. L'état des réserves n'est d'ailleurs pas calculé par les dirigeants mais par des ingénieurs qui, à leur niveau, ont aussi intérêt à transmettre à leurs supérieurs des chiffres croissants. Comment ? En sous-estimant volontairement le volume réellement découvert à l'origine, ce qui leur permet chaque année d'annoncer un surplus.

Géologiquement parlant, donc, tout le pétrole ainsi « découvert » en plus chaque année était déjà présent dès le premier jour de l'exploitation du champ. C'est pourquoi les statistiques des découvertes doivent être validées en reportant sur la première année l'ensemble des volumes de pétrole mis à jour au cours du temps, et non pas en ajoutant les annonces des surplus des champs anciens aux découvertes réelles de l'année en cours. Il est impossible d'effectuer cette rétrodatation (*backdating*) à partir des données publiées annuellement par les producteurs, qui confondent les nouvelles découvertes réelles de l'année et les mises à jour des estimations de pétrole récupérable sur les champs matures. Cette manipulation des données permet de masquer le peu de découvertes vraiment nouvelles de l'année en cours et, à terme, la baisse des volumes des découvertes depuis quarante ans. Seul l'accès dispendieux aux bases de données de Wood Mackenzie ou d'IHS permet une estimation éventuellement plus juste de l'évolution des découvertes et des réserves.

Le marché pétrolier est une immense partie de poker au cours de laquelle les plus grands joueurs ne découvrent jamais leurs cartes bien qu'ils ne cessent de bluffer. L'exemple le plus spectaculaire de ce bluff à grande échelle s'est déroulé au milieu des années 80 lorsque les pays les plus importants de l'OPEP ont déclenché entre eux la « guerre des quotas ».

	Émirats arabes unis	Iran	Irak	Koweit	Arabie Saoudite	Venezuela
1980	30	58	30	68	168	20
1981	32	57	32	68	168	20
1982	32	56	59	67	166	25
1983	32	55	65	67	169	26
1984	32	58	65	93	172	28
1985	33	59	65	93	172	55
1986	97	93	72	95	170	56
1987	98	93	100	95	170	58
1988	98	93	100	95	255	58
1989	98	93	100	97	260	59
1990	98	93	100	97	260	60
1991	98	93	100	97	261	63
1992	98	93	100	97	261	63
1993	98	93	100	97	261	64
1994	98	94	100	97	261	65
1995	98	94	100	97	261	66
1996	98	93	112	97	261	73
1997	98	93	112	97	261	75
1998	98	94	112	97	261	76
1999	98	93	112	97	263	77
2000	98	99	112	97	263	77
2001	98	99	115	97	263	78
2002	98	131	115	97	263	77
2003	98	131	115	97	263	78

*Figure 3. Des annonces douteuses de réserves
(en milliards de barils)* [1].

1. Michael Smith, *BP Statistical Review of World Energy 2004, op. cit.* Les cases grisées indiquent les « sauts » douteux dans les chiffres officiels.

Au sein de l'OPEP, la fixation des quotas de production est partiellement basée sur les réserves annoncées par chaque État exportateur. La figure 3 montre que, sans qu'aucune découverte nouvelle ait été effectuée, l'Irak a augmenté ses réserves de 84 % en 1982, ce à quoi le Koweit a répondu par une augmentation de 39 % en 1984, tandis que les Émirats arabes unis et l'Iran ont riposté en 1986 par des augmentations de respectivement 194 % et 58 % pour défendre leurs quotas. L'Irak a répliqué par une nouvelle augmentation de 39 % en 1987, puis de 12 % en 1996. Pendant ce temps, le Venezuela a doublé ses réserves en 1985 en y incluant, pour la première fois, les huiles lourdes de l'Orénoque. Plus stupéfiant encore : après ces augmentations brutales et invérifiables, les chiffres de réserves demeurent pratiquement inchangés – ou en légère croissance –, malgré les énormes productions annuelles de chacun de ces pays. Ces fantaisies ne semblent pas troubler les statisticiens de BP, qui les publient tranquillement, année après année, sans aucun commentaire, pour éviter les foudres des autorités de ces pays. En outre, les pays membres de l'OPEP, qui se réunissent plusieurs fois par an pour ajuster leurs quotas, ne respectent pas le lendemain ce qu'ils ont décidé ensemble la veille : chacun d'entre eux s'autorise une production pétrolière au-delà de son quota.

Ce bluff n'est pas seulement destiné aux membres de l'Organisation. La publication de réserves aussi abondantes vise aussi à impressionner les entreprises et les pays hors OPEP afin de dissuader les premières d'investir ailleurs qu'au Moyen-Orient et les seconds de réduire leur consommation d'hydrocarbures en promouvant les énergies renouvelables.

Les réserves pétrolières ici évoquées sont les « ultimement récupérables », ou « ultimes », c'est-à-dire celles dont on peut être raisonnablement sûr que l'on pourra les extraire. Le contexte financier américain – la Securities and Exchange Commission – ne prend en compte que ces réserves « prouvées », dont la probabilité d'extraction est supérieure ou égale à 90 %. Cependant, l'expérience des géologues pétroliers nous apprend que la taille des champs matures est plutôt celle des réserves « prouvées ou probables », proches de la quantité espérée que l'on a pu estimer dès les premières années de l'exploitation. Au fur et à mesure de l'exploitation d'un champ, il est courant de voir le volume espéré finalement rejoint par celui des « prouvées » régulièrement réévaluées. Dans ce cas aussi, la présentation des chiffres est souvent trompeuse, au point que l'on peut voir la production du champ décliner tandis que le chiffre de ses réserves prouvées croît encore ! Les exemples sont légion. Ainsi le plus important champ pétrolier du Royaume-Uni – Forties – présente-t-il une production décroissante depuis plus de vingt ans, mais son opérateur – Apache – s'ingénie à en augmenter chaque année les estimations de réserves prouvées, sans les rétrodater. De façon plus flagrante encore, les États-Unis ne cessent de mettre à jour chaque année l'estimation de leurs réserves prouvées en laissant ainsi croire que leur niveau ne baisse pas, alors que la déplétion pétrolière américaine est avérée depuis trente-cinq ans. Qui cela trompe-t-il ?

Que les acteurs de l'industrie pétrolière – compagnies privées, pays exportateurs, OPEP – multiplient les déclarations et les publications trompeuses sur les volumes de leurs réserves ne saurait surprendre dans la mesure où la scène économique et financière mondiale est coutumière de ce genre de pratiques dans bien d'autres secteurs. Plus d'objectivité, voire de vérité, serait à attendre des équipes universitaires, des établissements publics ou des institutions internationales, plus « neutres » dès lors que leur objet n'est pas de faire du profit mais d'être reconnus pour le sérieux de leurs informations et de leurs analyses. Hélas, les rapports et publications d'entités aussi respectables que l'Agence internationale de l'énergie, le Conseil mondial de l'énergie ou l'Institut français du pétrole sont tout aussi décevants : faute de moyens ou de volonté, ils ne font en effet que reproduire, éventuellement comparer, les données trouvées ailleurs, essentiellement auprès de l'*Oil and Gas Journal*, de la revue *World Oil*, de la compagnie BP ou des déclarations de l'OPEP.

En réalité, le volume des découvertes a atteint un maximum au milieu des années 60 et est en déclin depuis, malgré la poursuite des explorations dans le monde entier depuis quarante ans et l'utilisation des technologies géologiques les plus avancées. Ces faits indiquent que, selon toute vraisemblance, presque tout ce qui devait être découvert l'a déjà été. Qu'il n'y a donc pas à attendre de miracle qui ferait surgir de nulle part un champ géant équivalent à la mer du Nord ou à l'Alaska. La prévision la plus plausible est celle d'un volume décroissant de découvertes futures.

La récupération assistée

Les technologies d'extraction du pétrole ne cessent de s'améliorer, ce que je veux bien croire, et avec elles les volumes récupérables, disent les « optimistes ». Lorsque la pression d'un champ diminue au point que la viscosité croissante de l'huile entraîne la baisse du débit d'extraction, il est possible de rehausser artificiellement la pression par injection d'eau ou de gaz, ou de réduire la viscosité par injection de vapeur ou de solvants. Mais ces techniques sont déjà utilisées depuis plus de quarante ans et sont donc prises en compte dans les prévisions de production. En outre, plusieurs exemples ont montré que la récupération de pétrole n'a pas été fortement améliorée par leur emploi. Le champ de Prudhoe Bay – le plus important de l'Alaska – a bénéficié de toutes les techniques les plus modernes de récupération assistée, pratiquement sans succès. Il en est de même du champ de Yates, au Texas, découvert en 1926 et qui a commencé à produire en 1929. Depuis le pic de production américain de 1970, son taux a baissé de plus de 75 %. À partir de 1993 et pendant quatre ans, on y a injecté vapeur et détergents pour le renforcer. Son déclin annuel a ensuite été plus prononcé encore, passant de 8,4 % à 25 %. Quarante millions de barils supplémentaires ont été récupérés sur un total estimé à 1 400 millions, soit 3 % d'augmentation, mais au prix d'un déclin plus rapide[1]. Sur l'ensemble de la vie du champ de Yates, la mise en œuvre de ces techniques nouvelles a fait passer le taux de récupération de 20 % à 20,6 %. C'est peu. Récemment, des injections de gaz carbonique ont encore tenté de freiner le déclin.

Les techniques de récupération assistée peuvent même être contre-productives, au sens où la quantité de pétrole finalement récupérée grâce à elles est inférieure à celle qui était espérée sans elles. Ainsi, dans le sultanat d'Oman, les ingénieurs de Shell utilisent depuis de nombreuses années les meilleures techniques de récupération, notamment les forages horizontaux et l'injection d'eau pour augmenter la pression interne. L'exemple du champ de Yibal montre que l'extraction de pétrole a d'abord augmenté avec l'injection d'eau sous pression en 1979. Puis, vers 1999, elle s'est effondrée brutalement, tandis que le mélange qui jaillissait en pied de puits contenait 90 % d'eau. Cette technologie a conduit à l'extraction ultime d'un peu moins de 1 800 mil-

1. Werner Zittel et Jörg Schindler, « Future world oil supply », International Summer School on the Politics and Economics of Renewable Energy, université de Salzbourg, 15 juillet 2002, p. 10.

lions de barils pour ce champ alors que, sans forçage de la production, il était prévu d'en extraire presque 2 400 millions. Beaucoup de matière a été ainsi perdue (à peu près 600 millions de barils) et beaucoup d'énergie dépensée en pure perte pendant quinze ans pour séparer à grands frais le pétrole et l'eau qui jaillissaient ensemble. La compagnie Shell ne peut guère se féliciter aujourd'hui de ce que les ingénieurs anglo-saxons appellent *enhanced recovery*. Ce sont des échecs de ce type qui obligent ensuite à tricher sur le *reporting* des réserves : Shell avait annoncé des réserves supérieures de plus de 20 % à la réalité ; début 2004, son PDG a été remercié. Néanmoins, certaines compagnies continuent de forcer l'extraction. Ainsi, sur le champ saoudien supergéant de Ghawar – 6 % de la production mondiale à lui seul –, la supercompagnie Saudi Aramco injecte aujourd'hui massivement de l'eau (7 millions de barils d'eau par jour). Lorsque Ghawar va chuter brusquement, comme Yibal en 1999, cela se remarquera sur le marché du brut à New York.

Ces méthodes de récupération assistée s'appliquent souvent dès le début de production d'un champ pour éviter que la pression baisse. Elles ne peuvent s'opposer au déclin tendanciel du champ, mais elles augmentent un peu le débit pendant quelque temps, quitte à ce que celui-ci diminue plus fortement encore ensuite. L'exemple du champ de Yibal en Oman montre même que ces méthodes sont susceptibles de rapidement dégrader le champ et de faire perdre certains volumes d'huiles qui eussent été récupérables en l'absence de forçage extractif. Ce que l'on gagne pendant quelques années, on le perd ensuite en débit et, parfois, en quantités ultimement extraites. De telles technologies ne s'appliquent bien qu'à certains champs géologiques complexes dotés d'un faible taux de récupération par les techniques d'extraction classiques. Enfin, elles sont bien sûr soumises à un

35

calcul de rentabilité qui doit démontrer, avant leur mise en œuvre, que la compagnie gagnera plus de dollars en vendant le pétrole récupéré plus rapidement tout en payant les coûts supplémentaires dus à l'utilisation de ces techniques[1].

Multiplier les forages ?

Les densités de forages d'exploration sont inégales dans les pays du monde. Les États-Unis ont plus de puits que l'Arabie Saoudite. Mais seul compte le rapport entre le nombre de puits forés et les volumes de découvertes cumulés. Comment l'extraction augmente-t-elle en fonction de la quantité de puits forés ? Elle croît vite au début, parce que l'on trouve beaucoup de pétrole avec peu de puits. Ensuite, il faut creuser de plus en plus de puits pour trouver de moins en moins de pétrole. Ainsi, au Moyen-Orient, un peu moins de 4 000 puits ont été forés, mais les 2 000 forages les plus récents ont apporté peu de réserves supplémentaires. Le gros du pétrole se trouve dans les quelques champs géants déjà matures. De même, dans le monde hors Amérique du Nord, les découvertes importantes datent d'avant 1973 (le pic mondial de découvertes se situe vers 1962). Depuis trente ans, les volumes découverts sont faibles, en dépit de plus de 40 000 puits supplémentaires forés.

---

1. Werner Zittel et Jörg Schindler, « Future world oil supply », op. cit., p. 9.

Les pétroles non conventionnels

Un autre argument des « optimistes » est le remplacement futur du pétrole conventionnel par le non conventionnel, notamment celui des sables asphaltiques du Canada et des huiles extralourdes du Venezuela, ces deux sites contenant plus de pétrole potentiel que les réserves restantes de conventionnel. Il est cependant possible d'estimer raisonnablement les volumes qui pourront être extraits de ces deux sites dans la mesure où la planification des investissements nécessaires à l'extraction est déjà disponible aujourd'hui.

Les prévisions de production en 2010 à partir des sables asphaltiques de la province d'Alberta (Canada) sont de l'ordre de 1 million de barils par jour (Mb/j) pour le pétrole synthétique et de même pour le bitume brut, soit un total régional d'environ 2 Mb/j, quatre fois plus qu'en 2000. Néanmoins, la production canadienne totale de pétrole ne passera que de 2,4 Mb/j en 2000 à 3,2 Mb/j en 2010, en raison de la déplétion des autres réservoirs, hormis quelques champs offshore – Hibernia, Terra Nova... – à l'est de Newfoundland. Ajoutons que la récupération de pétrole à partir de ces sables asphaltiques est un cauchemar écologique et un gouffre énergétique, au point que l'on peut s'interroger sur l'existence d'un gain net d'énergie sur l'ensemble de la chaîne de production – de la mine à la pompe – dans cette filière.

Il ne faut pas espérer non plus de miracle productif en provenance des gisements d'huiles extralourdes de la ceinture de l'Orénoque, au Venezuela. Ces gisements ont été développés depuis une vingtaine d'années, notamment par BP qui y a inventé un pétrole synthétique – l'Orimulsion – mêlant pétrole, eau et quelques additifs. Cependant, la pollution environnementale de ce mélange est telle que beaucoup de pays le refusent. La compagnie Total est également présente sur l'Orénoque. Plus généralement, la capacité de production à partir de ces huiles extralourdes passera de 0,4 Mb/j en 2002 à 1 Mb/j en 2010. Au final, l'augmentation des volumes de produits pétroliers en provenance des ressources non conventionnelles du Canada et du Venezuela sera faible par rapport à l'augmentation tendancielle de la demande prévue par l'Agence internationale de l'énergie. L'exploitation des ressources non conventionnelles est plus onéreuse que celle du pétrole conventionnel. En outre, les investissements déjà prévus jusqu'en 2010 sont seulement ceux considérés comme rentables et ne concernent qu'une petite partie de ces huiles. L'extension éventuelle de l'exploitation de ce type d'huiles demanderait d'énormes investissements qu'aucune compagnie n'a décidés à ce jour.

Nous avons également classé comme non conventionnels les pétroles polaires et offshore profonds qui résident dans des réservoirs plus difficiles d'accès et sont donc plus dispendieux à extraire. Bien que les industriels pétroliers refusent encore de le reconnaître, l'exploration et l'exploitation de ces pétroles sont un aveu de la déplétion générale du pétrole conventionnel, à bas coût d'extraction.

Les découvertes futures

La troisième et dernière estimation considérée est celle du volume des découvertes futures. Là encore, par définition cette fois, les incertitudes et les polémiques sont de mise. En l'an 2000, la United States Geologic Survey (USGS) – équivalent américain de notre Bureau des recherches géologiques et minières (BRGM) – a publié un rapport sur les réserves mondiales et les découvertes futures, destiné à faire autorité [1]. L'USGS estimait à 3 000 milliards de barils (Gb) le total cumulé des réserves de pétrole, y compris les découvertes « potentielles » de 1 300 Gb entre 1996 et 2025. Ces chiffres sont très différents de ceux examinés jusqu'à présent, au point que l'on peut redouter une désinformation délibérée. Ainsi, pour accroître de 1 300 Gb les quantités de pétrole disponibles en trente ans (1996-2025), il faudrait que l'augmentation annuelle moyenne soit de 43 Gb, soit plus de quatre fois les quantités de pétrole découvertes (ou ajoutées aux réserves existantes) pendant la décennie des années 90 ; autrement dit, il faudrait encore maintenir pendant trois décennies le plus haut niveau de découvertes jamais atteint pendant une décennie (1960-1970) [2]. Cette perspective échappe à toute raison, mais pas à tout calcul : par cette évaluation surestimée des réserves hors OPEP, l'USGS et le Department of Energy (DoE) américain tentent de faire perdre aux Saoudiens et à l'OPEP leur confiance en eux-mêmes et de s'affranchir virtuellement de leur dépendance réelle vis-à-vis du pétrole moyen-oriental.

À quand le pic ?

Après la question fondamentale concernant la quantité ultime de liquides pétroliers, l'autre question essentielle est de savoir quand aura lieu le pic de production des liquides. J'ai souligné la forte variabilité des réponses à la première question, d'apparence technique : entre 2 000 et 3 000 milliards de barils ! En effet, bien que la problématique se présente dans un contexte géologique, des polémiques

---

1. United States Geologic Survey, *World Petroleum Assessment 2000*, www.usgs.gov.
2. Murray Duffin, « The Energy Challenge 2004 », www.energypulse.net.

considérables s'ajoutent aux incertitudes scientifiques. Il en est de même, à un degré supérieur, pour la seconde question. J'y ai déjà fait allusion, et même répondu sur la base des analyses de l'ASPO : le pic de production des liquides aura lieu avant la fin de cette décennie, entre 2006 et 2010. Sur les données géologiques incertaines se greffent d'innombrables facteurs politiques, économiques, sociaux et technologiques, tout aussi importants que le facteur géologique. Ainsi, un pic local de consommation mondiale de pétrole [1] a déjà eu lieu en 1979, au début du deuxième choc pétrolier. La consommation a chuté de 15 % jusqu'en 1983, et il a fallu attendre l'année 1996 pour retrouver le niveau de 1979, puis le dépasser. Mais ce pic local n'avait rien à voir avec la géologie. La baisse de consommation fut d'abord provoquée par une récession mondiale de quatre années (François Mitterrand, Pierre Mauroy et Jacques Delors s'en aperçurent fort tardivement) due à un prix élevé du pétrole à la suite de l'embargo iranien sur les exportations de brut en 1979. Mais elle le fut aussi par des efforts d'efficacité énergétique dans les pays de l'OCDE (la « chasse au gaspi »), par la réduction des déplacements automobiles superflus, par la substitution d'autres fluides au pétrole pour générer l'électricité, par la guerre Iran-Irak, etc.

Malgré le grand nombre de facteurs non géologiques qui influent sur la date du pic mondial de production de « liquides ultimes », l'approche géologique pourrait prudemment adopter une démarche conditionnelle telle que King Hubbert lui-même l'imaginait à cette échelle. Il s'agirait d'une conditionnelle à deux boucles, l'une imbriquée dans l'autre, comme il est fréquent de les rencontrer en programmation informatique. Le résultat de la première boucle sui-

---

1. Sauf exception, nous considérerons que la consommation mondiale de pétrole est égale à la production mondiale, chaque année.

vrait le taux de croissance de la consommation mondiale de liquides : une stabilisation de la demande au chiffre de 2001 repousserait le pic en 2022 ; pour une croissance annuelle de 1 %, le pic adviendrait en 2016 avec 83 Mb/j, mais en 2012 pour une croissance de 2 % et en 2008 pour une croissance de 3 %. La seconde boucle, enchâssée dans la première, est issue des prévisions d'Al Bartlett[1], professeur de physique à l'université du Colorado, à Boulder : si la réserve est de 2 milliards de barils de liquides ultimes, alors le pic adviendra en 2004 ; si elle est de 2,5 milliards, ce sera en 2012 ; si elle est de 3 milliards, ce sera en 2019, etc. Al Bartlett estimait, en mai 2003, que chaque milliard de barils de liquides ultimes supplémentaire repousserait de cinq jours et demi la date du pic[2].

Le pic de Hubbert[3] de la production mondiale de pétrole est un événement exceptionnel dans l'histoire humaine. Pour la première fois, les volumes de la matière première la plus indispensable à l'ensemble de l'économie mondiale auront crû pendant cent cinquante ans pour diminuer ensuite inexorablement année après année. L'image mentale de la « croissance » – du PIB, de la population, du nombre d'automobiles... – se heurte à la réalité de la décroissance géologique, inéluctable et irréversible, de son plus précieux fluide. La singularité de cet événement est telle qu'aucun modèle du monde économique, aucune information massive

---

1. Albert A. Bartlett, « An analysis of US and world oil production patterns using Hubbert-style curves », *Mathematical Geology*, vol. 32, n° 1, 2000.
2. Steve Andrews et Randy Udall, « Oil prophets : looking at world oil studies over time », *Deuxième Conférence de l'ASPO*, 26-27 mai 2003, Paris.
3. Une autre présentation du pic de Hubbert est offerte par le récent ouvrage de Jean-Luc Wingert, *La Vie après le pétrole*, Éditions Autrement, Paris, 2005. L'aval du carbone et le changement climatique sont exposés sur le site de Jean-Marc Jancovici : www.manicore.com.

de sensibilisation, aucune politique d'évitement ou d'adaptation n'auront précédé son advenue. Le marché lui-même, considéré par les libéraux comme l'optimum informationnel sur la rareté relative des ressources, est totalement aveugle à la possibilité même du pic de production. En ne réagissant qu'à court terme aux éventuels déséquilibres entre l'offre et la demande, il est incapable d'envoyer des signaux du futur vers le présent.

LES DONNÉES ÉCONOMIQUES

Après le pic de Hubbert géologique, la deuxième situation créatrice du triple choc est le croisement prochain de deux courbes : celle de la demande mondiale et celle de l'offre mondiale de pétrole. La seconde a toujours été jusqu'à présent supérieure à la première, mais, avant la fin de la décennie, la demande dépassera l'offre, si ce n'est déjà le cas aujourd'hui. Cette situation nouvelle provoquera une tension sur les marchés des cours du pétrole et, finalement, une forte hausse tendancielle de ces cours. L'inflation des prix des produits pétroliers se propagera aux autres domaines, notamment à l'agriculture et à la pêche, aux transports et au tourisme.

Aujourd'hui, la demande mondiale est presque égale à la capacité de production. La marge de manœuvre entre l'offre et la demande n'est plus que de 1 à 2 % – à comparer avec les 6 à 8 % de jadis –, entièrement entre les mains de l'Arabie Saoudite. Les prévisions concernant l'offre de pétrole semblent plus faciles à faire que celles sur l'évolution de la demande. Les premières s'appuient sur les données de la géophysique des champs pétroliers – bien que celles-ci soient controversées, comme nous l'avons déjà observé – ainsi que sur l'analyse des capacités de production mondiale

LE PIC DE HUBBERT

actuelles et à venir. Les secondes, en revanche, concernent l'évolution de l'économie globale et les comportements des consommateurs.

D'une manière générale, les chiffres de base concernant les évolutions de l'offre et de la demande mondiale de pétrole sont à la fois abondants et peu sûrs. Du côté de l'offre, les statistiques des exportations des pays producteurs sont à peu près aussi fiables que leurs déclarations concernant leurs réserves. L'OPEP ne publie pas de chiffres officiels des productions de ses membres en temps réel car cela les obligerait à dévoiler qu'ils exportent au-delà des quotas qu'ils se sont eux-mêmes fixés. Dès lors, les analystes des bases de données pétrolières s'imposent le ridicule de tenir leurs chiffres à jour en maintenant un réseau capillaire d'espions embusqués dans les terminaux pétroliers, chargés d'observer et de rapporter les mouvements des tankers partout dans le monde [1]. Les pays industrialisés avaient bien tenté, après le premier choc pétrolier de 1973, de réagir ensemble aux à-coups de l'OPEP par la création de l'Agence internationale de l'énergie (AIE), organe autonome au sein de l'OCDE. Mais les efforts de l'AIE, en 1979, lors du deuxième choc, pour clarifier la situation des stocks de ces États pétrovoraces n'ont pas empêché que se brise une nouvelle fois la coopération : le chacun-pour-soi a provoqué une panique sur le marché pétrolier, chaque pays achetant du brut à tout-va sans connaître l'état de ses stocks relativement à ceux des autres. C'est ce mouvement de défection généralisé qui a déclenché une hausse des prix à la suite de l'embargo iranien sur le pétrole. Paradoxalement, la demande excessive et rapide de chaque pays riche voulant se protéger contre la menace de pénurie et contre la cherté

---

1. L'entreprise Petrologistics, à Genève, vend ainsi ses observations sur le transport par mer.

du brut poussa encore plus les prix vers le haut. Cet événement conduisit l'AIE à publier mensuellement un rapport précieux sur les estimations de l'offre, de la demande et des stocks. Mais l'Agence ne peut que traiter les informations fournies par chaque pays, sans avoir de pouvoir normalisateur contraignant sur la sûreté de ces informations. À qui se fier ? Face aux plaintes des industriels, insatisfaits des révisions incessantes des chiffres qu'elle publie, l'AIE a récemment avoué une baisse de la qualité de sa base de données : « Nos statistiques pourraient ne pas être représentatives de la réalité, ceci plus que par le passé [1] », énonçait Claude Mandil, directeur exécutif de l'AIE, le 26 octobre 2004.

Du côté de la demande, les prévisions ne sont pas meilleures. La croissance de la demande chinoise et indienne en 2004 a surpris tout le monde, Chinois, Indiens et AIE compris. Au cours de l'hiver 2003-2004, l'AIE avait prévu une saturation de l'offre mondiale de pétrole par un excès de production qui n'a jamais eu lieu. En octobre 2004, l'AIE a révisé brutalement de plus de 600 000 barils par jour les chiffres de la demande mondiale au troisième trimestre, chiffres qu'elle avait sous-estimés dans son rapport du mois précédent. Bien sûr, l'Agence retourne les critiques qui lui sont adressées contre les gouvernements des pays dont les données nationales prêtent à erreurs et inconsistances. D'autant plus que les statistiques des nouveaux demandeurs comme l'Inde et la Chine sont de piètre qualité. Plus de 70 % de la croissance de la demande mondiale de pétrole depuis cinq ans est due à des pays hors OCDE, au premier rang desquels ces deux géants asiatiques. Les gouvernements ne sont pas seuls en cause. Au début de l'année 2004, le groupe Royal Dutch/Shell a effacé 23 % de ses réserves (4,5 milliards de

---

1. *Dow Jones Newswires*, Londres, 26 octobre 2004.

barils), ce qui a entraîné le limogeage de son PDG mais a surtout montré à quel point la comptabilité des réserves est sujette à caution. « Nous progressons, et espérons faire mieux à l'avenir, ajoute Claude Mandil. Les ressources mondiales de pétrole sont appropriées pour 2030 et au-delà, mais tout le monde n'en est pas convaincu car les données sont incertaines. Ceci est mauvais pour les investisseurs. Nous ne sommes pas sûrs que l'argent privé viendra financer le développement du pétrole [1]. »

Pour tenter d'améliorer la fiabilité et la transparence des données pétrolières, l'AIE, en collaboration avec l'OPEP et l'ONU, a lancé il y a cinq ans le projet Joint Oil Data Initiative (JODI). Les résultats ne sont pas encore probants, notamment sur la question des réserves à long terme, déjà examinée. Même si le JODI réussissait pleinement sa mission – ce dont nous ne pourrions que nous satisfaire –, une telle refonte du système d'observation du marché n'échapperait pas à la logique autoréférentielle fréquente dans ce domaine. Cette exhibition démocratique des statistiques de base du marché du pétrole rendra ce dernier plus « liquide » et, par voie de conséquence, les cours du brut plus volatils [2].

Les esprits dits « cornucopiens » – c'est-à-dire croyant en une corne d'abondance éternelle – estiment que le croisement des courbes de l'offre et de la demande n'adviendra pas, grâce à la technologie et à l'ingéniosité humaine qui

---

1. *Ibid.*
2. André Orléan, *Le Pouvoir de la finance*, Odile Jacob, Paris, 1999. La « liquidité » du marché dont parle André Orléan n'a rien à voir avec ce que j'ai nommé les « liquides pétroliers ». Ce dont il s'agit ici, c'est le fait que les titres de propriété de quantités de pétrole soient rapidement négociables, échangeables. À cette fin, il est nécessaire que l'évaluation des réserves ne soit pas soumise aux croyances ou aux mensonges de chaque acteur du marché, mais qu'elle soit partagée par l'ensemble de la communauté financière.

45

parviendront à prolonger les modes de production et de consommation industriels, et même à les étendre au monde entier. Pour eux, la consommation d'énergie ne peut que croître, l'avenir est clair et la mondialisation heureuse.

L'Agence internationale de l'énergie participe de cet optimisme productiviste. Elle représente les pays de l'OCDE, gros consommateurs d'énergie, qui ne souhaitent pas inclure dans leur modèle du monde le spectre de la pénurie énergétique. L'AIE ne s'inquiète donc pas de la possibilité très proche d'un pic de la production mondiale. Ses rapports annuels depuis 1973 – les *World Energy Outlook* – sont une référence en matière de prospective énergétique. Or, à l'exception de celui de 1998, ils ne traitent jamais du pic de Hubbert.

Selon l'AIE, la demande mondiale de pétrole va croître au rythme de 1,6 % par an, de 75 millions de barils par jour en 2000 jusqu'à 120 millions en 2030. La croissance la plus forte sera observée en Chine et en Inde, tandis que l'Amérique du Nord restera la région la plus consommatrice. Plus spécifiquement, la croissance de cette demande mondiale de pétrole se concentrerait sur les produits pétroliers raffinés, au détriment des huiles lourdes utilisées dans l'industrie. Les trois quarts de cet accroissement proviendraient du secteur des transports, qui réclame des huiles légères ou moyennes.

Mais où et comment trouver les dizaines de millions de barils par jour qui manqueront à l'appel dans quelques années ? Les « optimistes » (l'AIE, l'Institut français du pétrole, la quasi-totalité des économistes, les grandes compagnies pétrolières, les pays exportateurs...) estiment que la recherche et le développement parviendront à combler le déficit en agissant dans cinq directions principales : optimisation de la production dans les champs matures, développement de l'offshore profond, exploration et extraction dans les zones arctiques, récupération des huiles extralourdes, émergence des carburants de synthèse[1].

Les « pessimistes[2] », sans nier les efforts technologiques récents, affirment que le déclin global est proche et que les cours du pétrole vont alors croître fortement, inaugurant ainsi l'ère de l'énergie chère. Récemment, Colin Campbell (le fondateur de l'ASPO) a de nouveau révisé ses prévisions quant à la date d'advenue du pic de Hubbert pétrolier, en le plaçant plutôt en 2007, c'est-à-dire demain matin, en l'absence de récession faisant chuter la demande. Le Moyen-Orient, notamment l'Arabie Saoudite, n'a plus de marge d'augmentation de sa production. Il s'ensuivra une époque d'oscillation de la demande et des prix (un « plateau ondulant », dit Jean Laherrère), jusqu'au déclin définitif de la production après 2010.

L'une des grandes différences entre le point de vue des « optimistes » et celui des « pessimistes » est l'importance accordée au temps. Pour les « optimistes », le quotient entre les réserves de pétrole (un peu plus de 1 000 milliards de barils) et la consommation mondiale annuelle (environ 30 milliards de barils) nous donne encore près de trente-cinq ans de consommation au rythme actuel. Pour les « pessimistes », ce quotient n'a aucun sens. Car ce qui compte est la date du pic de production, à partir de laquelle les prix s'envoleront. Cette date est très proche : 2006 ? 2008 ? 2010 ? Nous ne sommes pas à une ou deux années près. Vu l'inertie du système énergétique mondial, le choc est de toute façon inévitable. En France, la Direction générale de l'énergie et des matières premières donne le la en matière

---

1. Xavier Boy de la Tour, *Le Pétrole, au-delà du mythe*, Éditions Technip, Paris, 2004, pp. 137-148.

2. Dont l'ASPO, mais aussi de grands géologues comme Kenneth Deffeyes, professeur émérite à l'université de Princeton, et David Goodstein, vice-recteur de l'Institut de technologie de Californie.

de prévisions énergétiques. Comme l'AIE, la DGEMP est une « optimiste ». Néanmoins – est-ce l'influence de Pierre-René Bauquis et de Jean Laherrère, les deux seuls Français membres de l'ASPO ? –, ses prévisions de consommation de pétrole en France ont baissé entre 2000 et 2004.

Pétrodollars

Les plus importantes compagnies pétrolières privées – les « majors » – réalisent aujourd'hui d'énormes profits[1] après les bénéfices plus modestes des années 90, dus à un cours bas du baril. Le traumatisme persistant de cette période de faible profitabilité a dissuadé les firmes d'investir dans de nouvelles capacités de raffinage, notamment pour traiter le pétrole soufré en provenance du golfe Persique. Par exemple, l'augmentation moyenne des cours du brut de 1 dollar par baril d'une année sur l'autre entraîne mécaniquement une augmentation de 540 millions d'euros du chiffre d'affaires annuel de Total. Néanmoins, ces compagnies transnationales privées ne possèdent qu'une petite fraction des réserves mondiales de pétrole. La plus grande part est détenue par les entreprises nationales des pays producteurs. Ainsi, selon un classement multicritères (réserves, production, raffinage...), la compagnie nationale saoudienne – Saudi Aramco – est loin devant ExxonMobil, première compagnie privée.

Dans tous les pays du monde – sauf aux États-Unis –, le sous-sol appartient à l'État. La rente de l'exploitation pétrolière résulte alors d'un partage des bénéfices entre le pays propriétaire et la compagnie pétrolière qui exploite. Quelle

1. Jean-Marie Chevalier, *Les Grandes Batailles de l'énergie*, Gallimard, « Folio Actuel », Paris, 2004, p. 311.

que soit la forme du prélèvement (impôt sur bénéfices, royalties, bonus...), les pays propriétaires entendent désormais encaisser au moins la moitié de la rente pétrolière. Le mouvement de financiarisation de l'économie mondiale n'a pas épargné les compagnies pétrolières. À leur tête règnent désormais les économistes, l'œil rivé sur les bénéfices, au détriment des géologues et des ingénieurs de jadis, férus d'exploration et d'exploitation. Dans leur modèle du monde pétrolier, ces économistes n'ont pas une image crédible du pic de Hubbert ou de la pénurie relative. À plus forte raison, ils n'en avertissent pas leurs actionnaires, les investisseurs ou le grand public, et s'efforcent au contraire de rassurer chacun en publiant force communiqués et études sur la longue disponibilité du pétrole pour le monde. L'aveu de ressources en déclin pourrait précipiter leur éviction par un vote défavorable des actionnaires, ou inciter certains investisseurs à quitter un secteur pétrolier en décroissance pour aller chercher ailleurs l'herbe tendre du profit, voire encourager quelques consommateurs à réduire leur demande, au détriment des gains actuels. Le comportement de ces dirigeants est typiquement spéculaire au sens où ce qu'ils observent n'est pas l'évolution de la réalité matérielle de leur production, mais le comportement de leurs pairs (les dirigeants des autres entreprises pétrolières), de leurs actionnaires, des investisseurs et des consommateurs. Chacun étant placé dans la même situation, un consensus se forme entre dirigeants de toutes les compagnies sur la croyance en la disponibilité continue du pétrole, sur l'intérêt qu'il y a à ce que les actionnaires, les investisseurs et le grand public partagent cette croyance, et sur la nécessité de fournir des données biaisées pour la maintenir vivace afin de pérenniser leurs comportements de votants, d'investisseurs ou de consommateurs.

Ces derniers possèdent un modèle du monde dans lequel

le pétrole – l'énergie en général – n'est pas cher, quoique l'État pourrait en diminuer encore le prix par la baisse des taxes. Les messages de plus en plus fréquents sur la nécessaire réduction des gaz à effet de serre pour limiter le changement climatique sont encore suffisamment abstraits pour n'éveiller chez eux qu'une curiosité éphémère et sans conséquence, noyée et banalisée dans la multitude des nouvelles de l'actualité. Ce n'est qu'un problème parmi d'autres. Le message plus concret sur la déplétion pétrolière, la pénurie relative qui s'annonce, l'inflation qui en résultera sous peu et les risques augmentés de guerres est pour l'instant à peine diffusé et connu. Le serait-il davantage qu'il semblerait trop incertain et surtout trop bouleversant pour être accepté, pour conduire à franchir le seuil de l'incrédulité et à changer massivement les comportements. Il est plus rassurant de n'y pas penser, sauf lorsque, ces derniers mois, le prix du litre à la pompe s'est mis à augmenter trop rapidement, notamment pour certaines catégories professionnelles telles que les marins-pêcheurs, les agriculteurs et les transporteurs routiers français. Mais, dans notre modèle commun du monde énergétique, une baisse succède toujours à une hausse, nous autorisant à continuer de vivre comme avant. La singularité du moment historique que nous vivons dans le domaine énergétique – la fin de l'énergie bon marché – est rejetée hors de ce modèle.

Elle l'est d'autant plus que les économistes médiatiques ne cessent de nous rassurer en affirmant à longueur de colonnes ou d'émissions que les mécanismes du marché sont précisément aptes à rétablir continuellement l'équilibre entre l'offre et la demande. Selon cette croyance, une pénurie relative conduira à une hausse des prix qui incitera les industriels à investir dans l'exploration et l'exploitation pour augmenter l'offre et satisfaire ainsi la demande croissante autour d'un nouvel équilibre. Les perturbations ne seraient que passagères. D'ailleurs, s'il advenait malgré tout que la disponibilité pétrolière diminue, les mêmes mécanismes de marché feraient magiquement émerger des substituts au pétrole. C'est la théorie de la transition, de la substitution progressive et douce entre énergies. Avec cette évidence pour tous : il est impossible, inconcevable, que nos responsables, économistes et ingénieurs n'y aient pas songé à temps. Optimisme naïf, à notre sens, tant il est vrai que nos responsables n'ont nullement anticipé le triple choc.

LES DONNÉES GÉOPOLITIQUES

Les pays gros consommateurs de pétrole n'en possèdent pas, ou plus, ou moins que jadis. La France et l'Allemagne n'en ont pas. Les États-Unis importent aujourd'hui plus de la moitié de leur consommation. La Grande-Bretagne est devenue importatrice en 2004, à la suite de la déplétion des champs de la mer du Nord. Favorisées par la nature (?), les grandes régions exportatrices sont le Moyen-Orient, l'Oural-Volga et la Sibérie occidentale en Russie, le golfe de Guinée, le Venezuela et le Mexique. Les pays du Moyen-Orient, qui détiennent les deux tiers des réserves de pétrole du monde et assurent 31 % de la production, ne contribuent qu'à 6 % de la consommation mondiale. Une situation semblable, bien que moins contrastée, prévaut en Afrique (production : 11 % ; consommation : 3 %) et en Amérique latine (production : 10 % ; consommation : 6 %). À l'opposé, donc, les régions grandes consommatrices sont importatrices : l'Amérique du Nord (production : 18 % ; consommation : 30 %), l'Europe (production : 9 % ; consommation : 22 %) et l'Asie-Océanie (production : 10 % ; consommation : 28 %).

La dépendance pétrolière d'un pays comme la France a

baissé depuis trente ans : la part du pétrole dans notre consommation d'énergie primaire est passée de 67 % en 1973 à 34 % en 2003 [1]. Cependant, cette baisse scripturale ne doit pas occulter notre complète dépendance à l'égard du pétrole dans certains secteurs aussi vitaux que les transports, l'agriculture ou la pétrochimie.

L'import-export de pétrole est l'un des secteurs les plus importants, en volume et en valeur, du commerce mondial. En 2003, les États-Unis et l'Union européenne ont importé chacun près de 485 millions de tonnes de pétrole brut, soit environ 10 millions de barils par jour. Pendant près de 50 ans (de 1911 à 1959), le pétrole a été exploité par le cartel des « sept sœurs » (les grandes compagnies occidentales), qui s'étaient entendues pour réguler le marché tout en se faisant concurrence. Calouste Gulbenkian, un Arménien qui fit fortune avec l'or noir, disait : « Les pétroliers sont comme des chats ; quand ils crient, on ne sait pas s'ils se battent ou s'ils font l'amour. » À partir de 1960, les pays exportateurs prirent conscience de leur pouvoir et nationalisèrent leur industrie pétrolière. Ils créèrent l'OPEP pour prendre la main sur le marché mondial du pétrole. Aujourd'hui, le pétrole, c'est la guerre.

D'un point de vue géopolitique, l'important est la sécurité d'approvisionnement. Aucun trouble-fête ne doit être en mesure d'arrêter les flux de l'or noir vers l'Occident. Sécuriser les routes du pétrole, voilà l'impératif.

Il y a encore beaucoup de pétrole en mer Caspienne. À l'heure actuelle, il est acheminé par pipeline vers la mer Noire par les routes 2 et 3 (voir figure 4, p. 53). La route 2 traverse le Daghestan et la Tchétchénie jusqu'au port russe de Novorossisk. Les Tchétchènes, soutenus par les Améri-

---

1. Ministère de l'Économie, des Finances et de l'Industrie, *L'Énergie en France, repères*, 2004, p. 9.

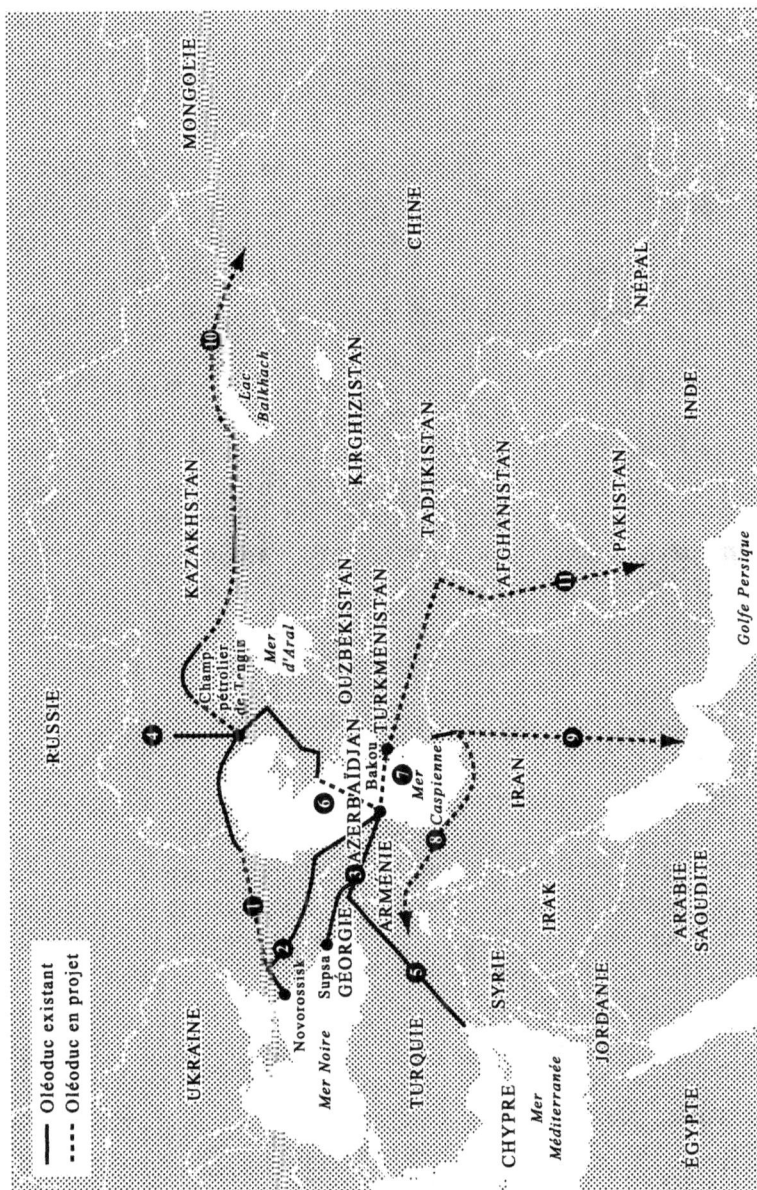

Figure 4. Stratégie américaine en Asie centrale[1].

1. Tushar K. Sarkar, « The third oil war : geology and geopolitics »,
Second World Conference of Oil, Gas & Refinery Workers, Kolkata,
Inde, 8-10 mars 2003.

53

cains, ont saboté le pipeline russe plusieurs fois. La route 3 traverse l'Azerbaïdjan jusqu'au port géorgien de Supsa. Ces deux pipelines ne débitent pas suffisamment et ils traversent des régions troublées. Il faut donc en construire de nouveaux et de plus sûrs. Par où passer ? La Russie propose le réseau 6-4-1-10. Critique américaine : cette route donne trop de contrôle aux Russes sur l'huile de la Caspienne. La route la moins chère et la plus directe serait la 9, vers le Golfe, via l'Iran. Refus américain : l'Iran appartient à l'« axe du mal ». La route 11, proposée par la firme américaine Unocal, traverserait le Turkménistan, l'Afghanistan et le Pakistan, pays « amis » ou sous contrôle, mais elle est longue. C'est finalement la route 5, l'oléoduc Bakou-Tbilissi-Ceyhan (le « BTC »), qui a été construite par un consortium de onze entreprises, dont BP est l'actionnaire principal et l'opérateur[1].

En 2003, la guerre d'Irak devait permettre aux Américains de contrôler les vastes réserves pétrolières du pays en écartant les compagnies chinoises, russes et européennes. De même, la forte présence militaire américaine en Asie centrale et dans le Caucase est destinée à protéger l'accès aux réserves d'hydrocarbures de la mer Caspienne et l'acheminement du pétrole et du gaz vers l'Occident. La mainmise des Américains sur les hydrocarbures de cette grande région est le premier volet de la stratégie Bush-Cheney, plus caché que les deux autres (développer les capacités militaires américaines et lutter contre le terrorisme). Ce premier volet, pétrolier, a été théorisé dans un rapport du National Energy Policy Development Group, rédigé par le vice-président Dick Cheney et publié le 17 mai 2001. Ce document établit

---

1. Lorraine Millot, « Le tuyau qui fuit la Russie », *Libération*, 26 mai 2005 ; Jean-Michel Bezat, « Le pétrole de la Caspienne va échapper à l'emprise russe », *Le Monde*, 27 mai 2005.

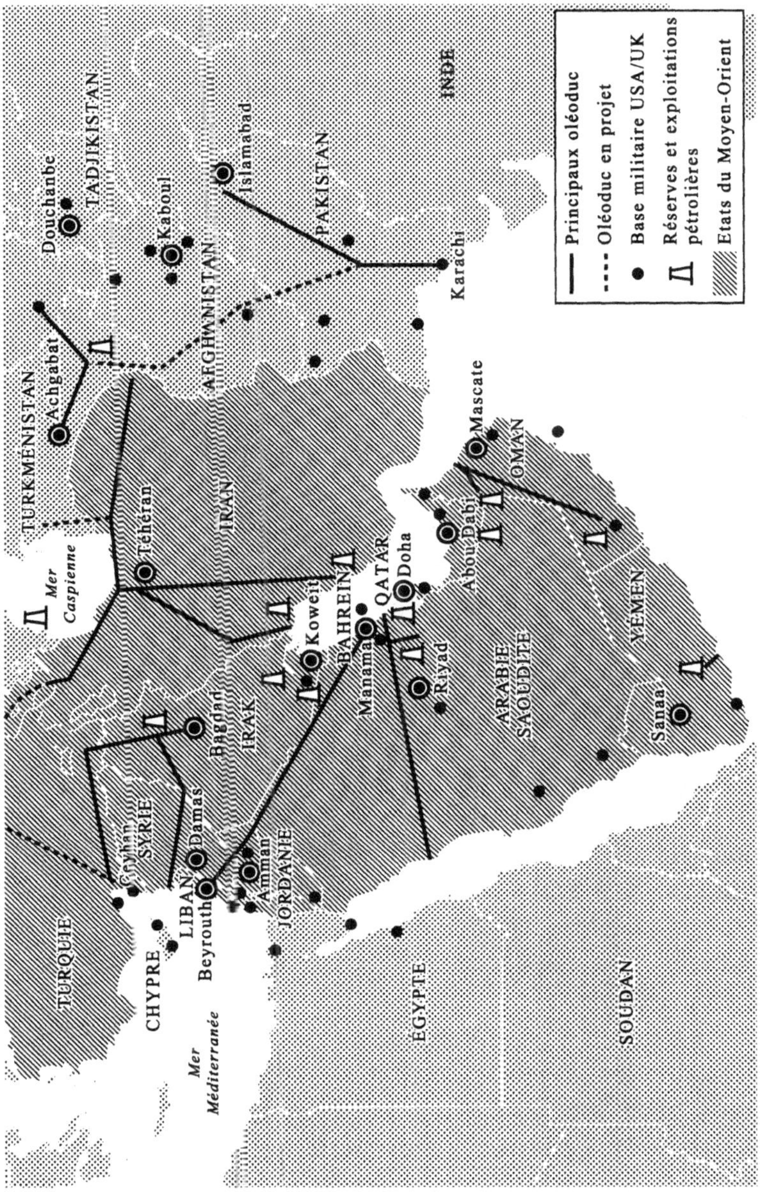

Figure 5. Stratégie américaine dans le Golfe [1].

---

1. Jules Mardirossan, « Pourquoi les États-Unis soutiennent-ils l'intégration de la Turquie à l'Union européenne ? », www.diploweb.com/forum/mardirossian.htm.

une stratégie destinée à répondre à l'augmentation des besoins en pétrole des États-Unis au cours des vingt-cinq prochaines années (voir chapitre 7).

Ce choc dont je viens d'exposer brièvement les données n'est pas la « fin du pétrole » ou la « fin des énergies fossiles » : c'est la fin de l'énergie bon marché et, en conséquence, *la fin du monde tel que nous le connaissons.* La suite de cet ouvrage sera consacrée aux multiples aspects bouleversants de cette sentence. Les transitions énergétiques des siècles passés – du bois au charbon, du charbon au pétrole – étaient graduelles et adaptatives ; le pic de Hubbert sera brusque et révolutionnaire. Bref, le monde entre aujourd'hui dans une situation inédite, créée par la concomitance des trois phénomènes suivants :

• phénomène géologique tout d'abord : franchissement du pic de Hubbert de la déplétion pétrolière. Même si des divergences existent sur la date de ce pic (2006 ? 2008 ? 2010 ?), ne pas en tenir compte ni en informer la population nous paraît irresponsable. Ainsi la Cité des sciences et de l'industrie, à Paris, a-t-elle entrepris une démarche obscurantiste en présentant en 2004 une grande exposition intitulée « Pétrole, nouveaux défis » sans la moindre allusion au pic de Hubbert ;

• phénomène économique ensuite : excès structurel de la demande sur l'offre. Les prix vont grimper. Il en est toujours ainsi lorsque la quantité d'un bien est durablement inférieure à celle réclamée par les acheteurs, notamment dans les secteurs où ce bien n'est pas rapidement remplaçable par un autre, ce qui est le cas pour le pétrole ;

• phénomène géopolitique enfin : effets directement liés à la soif impérieuse d'hydrocarbures, permanence de la guerre et du terrorisme, des attentats et des sabotages. Le problème du Moyen-Orient, ce n'est pas « les Arabes » ou « l'islam », c'est notre longue addiction au pétrole, c'est la complaisance américaine et européenne envers des régimes répressifs, c'est la démesure productiviste.

CHAPITRE 2

Moins vite, moins loin, moins souvent, et plus cher

L'économie matérielle mondialisée repose sur l'existence de transports bon marché à longue distance, tant pour les biens (croissance du trafic de poids lourds, fruits exotiques sur nos marchés toute l'année, vêtements fabriqués par les travailleurs sous-payés du Sud...) que pour les personnes (opodo, lastminute.com, easyjet, *low cost* et autres charters...). Le slogan qui résume la philosophie des transports actuels est : « Plus vite, plus loin, plus souvent, et moins cher. » Dans moins de quinze ans, il sera nécessairement : « Moins vite, moins loin, moins souvent, et plus cher. »

VOLER

Le kérosène est totalement détaxé dans le monde entier depuis 1944 par décision de l'Organisation de l'aviation civile internationale (OACI), institution spécialisée des Nations unies. Cette situation de concurrence déloyale – par rapport aux autres modes de transport utilisant un produit pétrolier comme carburant – n'est pas près de changer, malgré quelques tentatives d'ONG écologistes pour favoriser la création d'une taxe sur le kérosène à l'image de celles qui frappent les carburants des transports terrestres. Sans amortisseur fiscal, le lien est donc direct entre le cours du baril sur le marché new-yorkais et le prix du kérosène acheté par les compagnies aériennes. Si l'ensemble du secteur des transports est dépendant du pétrole à 95 %, cette proportion passe à 100 % pour le transport aérien. Aucune substitution industrielle massive de carburant n'y est envisageable à court ou moyen terme : les avions ne décollent pas avec du nucléaire ou des éoliennes.

La hausse du cours du pétrole se répercute directement sur les coûts de production des compagnies, jusqu'au prix du billet d'avion, dans une proportion qui va d'environ 17 % pour les plus grandes (Air France, British Airways...) jusqu'à près de 35 % pour les *low cost* et les compagnies charters. Dès le mois de mai 2004, en Amérique du Nord, American Airlines a augmenté ses tarifs de 2 dollars pour les vols intérieurs, et le canadien Qantas a augmenté les siens de 15 dollars pour les vols internationaux. Lorsque le prix d'un baril augmente de 1 dollar, Continental Airlines voit le coût total annuel de son poste « carburant » augmenter de 38 millions de dollars. En Europe, British Airways a surchargé ses prix long-courriers de près de 10 euros en août 2004 (pour un aller simple), tandis qu'Air France et Lufthansa ont attendu l'automne 2004 pour le faire, et plus fortement[1]. La situation a empiré en 2005. Giovanni Bisignani, président de l'Association internationale des transporteurs aériens (IATA), avouait en avril que « la facture pétrolière est passée de 44 milliards de dollars en 2003 à 63 milliards l'année dernière. Si le prix moyen du baril de

---

1. En janvier 2005, un aller Paris-île Maurice était frappé d'un surcoût de 58 euros explicitement indiqué sur la facture à la ligne supplémentaire intitulée « hausse du carburant », laissant entendre au voyageur qu'il s'agissait d'un surcoût provisoire.

Brent ressort à 43 dollars, la facture atteindra 76 milliards en 2005 [1] ». Il s'ensuivrait une perte globale pour le secteur de 5,5 milliards de dollars à la fin de l'année, et un déficit cumulé de plus de 40 milliards sur la période 2001-2005. Air France et KLM ont, de nouveau, augmenté la surcharge « kérosène » du prix de leurs billets le 20 avril 2005, de 1 euro sur les lignes intérieures, de 2 euros sur les moyen-courriers et de 8 euros sur les long-courriers, soit une surcharge totale comprise entre 6 et 34 euros selon la nature du parcours [2].

Pour lisser les cours erratiques du baril, les compagnies disposant de trésorerie achètent leur carburant à l'avance, à un prix fixe, pour une période donnée (système de la « couverture »). Les compagnies qui n'ont pas assez de cash ou qui croient à la baisse des cours ne se couvrent pas. C'est risqué. Frank Shea, patron de World Fuel Services, le confirme de façon métaphorique : « Combien les goals de hockey ont-ils avalé de leurs dents avant qu'ils se décident à porter un masque [3] ? »

Les investisseurs redoutent que les prix croissants du kérosène ne tuent leurs profits. Le troisième trimestre de chaque année – celui des vacances estivales – est traditionnellement le plus lucratif pour les transporteurs aériens de voyageurs. Pourtant, dès l'été 2004, Southwest Airlines, la plus profitable des compagnies américaines, a constaté une baisse de ses gains après cinquante-quatre trimestres consécutifs de hausse. Collectivement, les voyagistes aériens américains ont perdu 5 milliards de dollars en 2004 et en perdront 6,5 milliards en 2005 si le cours du baril demeure

---

1. Andrew Clark, « Fuel costs will push airlines to financial disaster », *The Guardian*, 5 avril 2005.
2. *Le Monde*, 19 avril 2005.
3. Associated Press, 10 mai 2004.

aux alentours de 50 dollars. Toute hausse de 1 dollar du prix moyen du baril sur une année augmente de 450 millions de dollars la facture des transporteurs aériens américains, estime Michael Linenberg, analyste chez Merrill Lynch. Il ajoute : « Cette arithmétique directe ne suppose même pas un déclin général des revenus, qui pourrait très bien se produire à mesure que les prix élevés du pétrole commenceront à freiner l'économie globale[1]. »

Lorsque l'offre de pétrole sera structurellement inférieure à la demande, l'impact sera considérable sur la disponibilité et le coût du kérosène. En effet, ce carburéacteur est un fluide très spécifiquement adapté aux turboréacteurs des avions. La mise au point de ces moteurs a nécessité plus de quarante années de développement technologique et d'ingéniosité humaine. Ils sont très dépendants des caractéristiques et de la qualité du carburant qu'ils utilisent. Il est donc impossible de remplacer rapidement le kérosène par un autre carburant, même si un substitut liquide est chimiquement réalisable à partir du charbon. Il est a *fortiori* encore plus impossible – si je puis dire – que l'hydrogène devienne bientôt le carburant des avions de ligne. Il faudrait donc réduire volontairement le nombre de vols, lesquels, en outre, contribuent de plus en plus à la croissance des émissions de gaz à effet de serre. Mais quel gouvernement oserait interdire les vols inférieurs à 500 km, ce qui diminuerait de 40 % leur nombre, tout en offrant un réseau ferroviaire alternatif de bonne qualité, ou bien imposer une taxe de 50 euros sur chaque billet pour abonder un fonds destiné à lutter contre le changement climatique ?

Jusqu'où les prix des billets d'avion peuvent-ils augmenter sans que la clientèle populaire abandonne trop massivement ce mode de déplacement au point d'entraîner la faillite

---

1. *Seattle Times*, 14 octobre 2004.

des compagnies ? Cette question a toujours taraudé les patrons du ciel, qui savent que ce sont les nombreux voyageurs de la classe économique qui subventionnent ceux de la *business class* en partageant avec eux les frais fixes d'infrastructure d'une route aérienne. La faillite du Concorde, réservé à l'élite, le démontre. Un scénario catastrophique pour les compagnies aériennes serait la désertion massive des passagers de la classe économique tandis que seuls resteraient les clients aisés pour qui le prix a peu d'importance. Dans ce cas, l'aviation d'affaires, organisée différemment de l'aviation commerciale de masse, survivrait un moment encore, tandis que la foule des gens ordinaires délaisserait l'exotisme des semaines bon marché aux Maldives pour se rabattre sur les week-ends à la campagne. Cependant, les compagnies aériennes commenceront plutôt par aller quémander des subventions exceptionnelles aux gouvernements en arguant du caractère « temporaire » des prix élevés du kérosène et des « milliers d'emplois » à conserver dans cette « mauvaise passe », en attendant la « reprise ». Les gouvernements paieront. Jusqu'à ce que, les cours du baril grimpant toujours, le coût pour la collectivité nationale devienne significatif et se fasse au détriment d'autres services publics. La « sécurité nationale » sera alors évoquée par les ministres des Transports pour continuer à augmenter les subventions aux transports aériens, jusqu'à l'intenable. Dans les années 20 de ce siècle, il n'y aura plus d'aviation civile commerciale de masse.

BOUGER

Plus généralement, le secteur des transports absorbe environ 20 % de la consommation énergétique, dans le monde [1]

1. AIE, *World Energy Outlook 2004, op. cit.*, p. 68.

comme en France [1]. Cependant, c'est dans ce secteur que la croissance de la demande est la plus forte – de l'ordre de 2,1 % par an, alors que la demande d'énergie dans l'industrie ou le résidentiel-tertiaire augmente de 1,5 % en moyenne annuelle. Les produits pétroliers représentent en outre 95 % de l'énergie nécessaire aux transports et ce secteur absorbe à lui seul 55 % de la consommation mondiale de pétrole, ces deux proportions ayant tendance à croître [2].

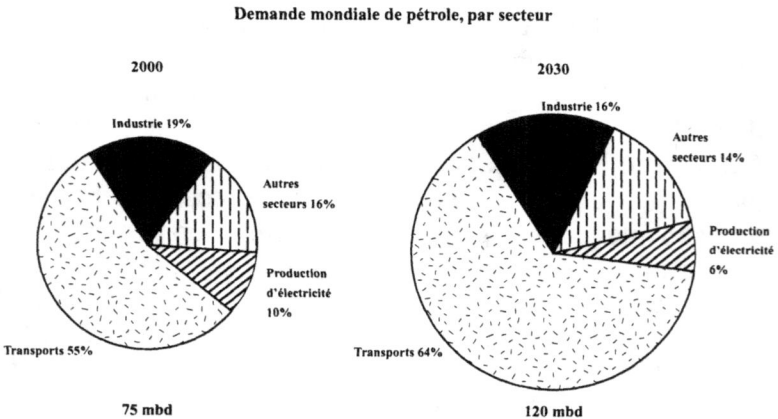

Demande mondiale de pétrole, par secteur

Figure 1. Croissance de la demande mondiale de pétrole, par secteur d'activités [3].

L'argument avancé d'une moindre dépendance pétrolière de la France par rapport à 1973 paraît vrai si l'on considère

1. Ministère de l'Économie, des Finances et de l'Industrie, *L'Énergie en France, repères, op. cit.*, p. 8.
2. AIE, *World Energy Outlook 2004, op. cit.*, pp. 84-85.
3. Agence internationale de l'énergie (AIE).

globalement l'évolution de la structure de la consommation française d'énergie : la part du pétrole est passée de 67 % en 1973 à 35 % en 2003. Mais nous ne remplissons pas les réservoirs de nos automobiles avec des pourcentages[1]. Ce raisonnement gouvernemental n'a donc aucun sens. Car même si le pétrole ne représentait que 1 % de la consommation énergétique, cette proportion étant essentiellement destinée au secteur des transports, la moindre rupture d'approvisionnement mettrait à bas l'économie en quelques jours. Un secteur aussi stratégique que celui des transports est encore, et pour longtemps, presque totalement dépendant du pétrole. Le transport routier absorbe près de 80 % des produits pétroliers, suivi par les transports aériens pour environ 15 %, le rail et la voie d'eau se partageant les 5 % restants. L'analyse du transport routier révèle que les automobiles consomment 65 % des essences, les poids lourds 25 %, les camionnettes 5 %, les bus et cars 4 %, les deux-roues motorisés 1 %.

MANGER

Dans les pays industrialisés, l'alimentation du consommateur est le dernier maillon d'une chaîne agroalimentaire régionale, nationale, continentale ou mondiale dominée par la délocalisation et la désaisonnalité : les productions agricoles locales sont pour l'essentiel transformées et distribuées ailleurs, les consommations locales proviennent majoritairement de producteurs et de transformateurs exogènes, voire exotiques, via des canaux de transport et de

---

1. David Fleming, « After oil », www.greatchange.org, novembre 2000.

distribution continentaux ou planétaires. Inévitablement, les langoustines du Guilvinec dégustées à Brest passent par Rungis. Les Britanniques importent 61 400 tonnes de poulet en provenance des Pays-Bas en 1998 et exportent 33 100 tonnes de poulet vers les Pays-Bas, la même année [1]. Et l'on peut citer mille autres exemples aussi absurdes. La chaîne agroalimentaire productiviste est la réalisation matérielle de l'équation économique suivante :

des producteurs mal payés
+ une énergie peu chère
+ un bas coût du transport
+ une transformation par des prolétaires étrangers
+ des impacts environnementaux et sanitaires
non comptabilisés
= une alimentation « moderne » bon marché
pour des consommateurs occidentaux pressés

Dans nos sociétés mondialisées, la chaîne agroalimentaire commence par la fourniture de produits importés dans la ferme – les « intrants » – puis se poursuit par les activités agricoles, les opérations de transformation des produits, le conditionnement et l'emballage, le transport et la distribution jusqu'au consommateur final et la préparation du repas. Une vision plus écologique adjoindrait à cette liste le traitement des déchets après consommation et le recyclage de certains d'entre eux dans le maillon fermier. Chacun des maillons de cette chaîne est relié à son suivant par un moyen de transport (symbolisé par les flèches sur la figure 2, p. 67).

---

1. Caroline Lucas, *Stopping the Great Food Swap. Relocalising Europe's Food Supply*, rapport publié par The Greens/European Free Alliance, Parlement européen, mars 2001.

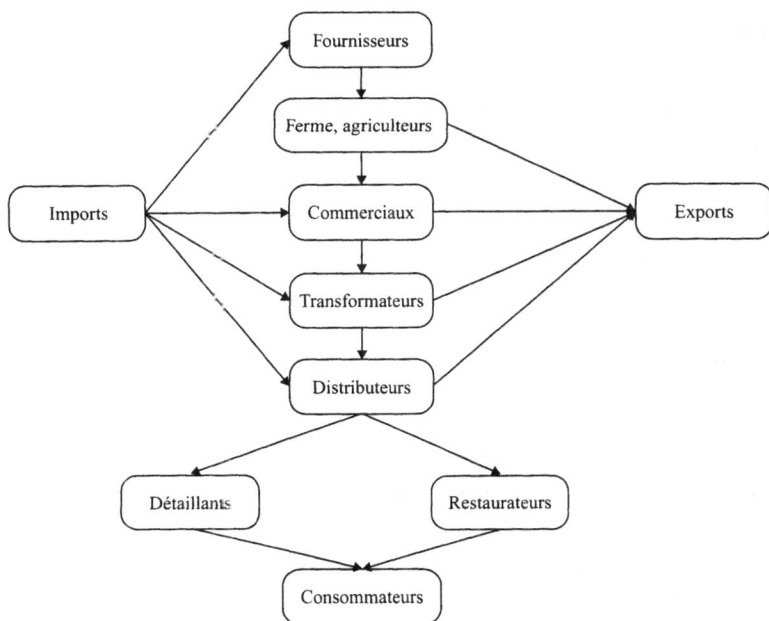

Figure 2. Schéma général de la chaîne agroalimentaire [1].

Plus de 80 % de la valeur du marché alimentaire est issue des grandes chaînes mondiales contrôlées par les distributeurs, tandis qu'environ 15 % provient de marchés locaux ou de petits commerces indépendants spécialisés, et un petit pourcentage de l'agriculture fermière [2]. Dans les pays de l'OCDE, la part de la chaîne agroalimentaire dans la consommation énergétique totale est de l'ordre de 15 %. La part du maillon « ferme » de cette chaîne varie de 2 à 5 % selon le type d'exploitation.

Le transport et la distribution sont partout présents dans la chaîne agroalimentaire. Entre 1961 et 2000, le commerce

---

1. Nick Saltmarsh et Tully Wakeman, « Local links in a global chain », *East Anglia Food Link*, Royaume-Uni, avril 2004.
2. *Ibid.*, p. 4.

agricole international a triplé en valeur et quadruplé en tonnage[1]. Dans chaque pays de l'OCDE – et dans l'Union européenne –, l'augmentation du transport intérieur de denrées alimentaires est du même ordre de grandeur. En 1996, le Royaume-Uni a importé 434 000 tonnes de pommes, dont presque la moitié de l'extérieur de l'Europe. Plus de 60 % des pommiers britanniques ont été perdus depuis 1960. Même si tous les fruits britanniques étaient consommés en Grande-Bretagne, cette production intérieure ne serait plus capable de satisfaire que 5 % de la consommation domestique[2].

Les innombrables trajets se différencient par leur longueur, les véhicules choisis et l'efficacité de leur utilisation. Au Royaume-Uni, le transport et la distribution des denrées alimentaires représentent un tiers du fret routier. Il semble exister une demande européenne en toute saison pour certains produits frais tels que la banane et l'orange, ce qui active un dispendieux fret aérien en amont. Le fret aérien britannique a augmenté de 7 % par an ces quinze dernières années. Il y a même des inerties historiques, hors considérations économiques, comme l'inclination durable de nos amis britanniques pour l'agneau surgelé néo-zélandais, ce qui représente un transport de 18 835 km par avion-cargo réfrigéré. Ces avions, leurs pilotes et les pêcheurs tanzaniens du lac Victoria sont les héros misérables du film *Le Cauchemar de Darwin*, réalisé par Hubert Sauper en 2004. Mais l'héroïne principale de ce documentaire est la perche du Nil, énorme poisson prédateur qui a décimé toutes les autres espèces du lac Victoria après son introduction en 1960 à titre d'expérience scientifique. La chair blanche de

---

1. Données agricoles de la FAO, Organisation des Nations unies pour l'alimentation et l'agriculture, http://faostat.fao.org.
2. Caroline Lucas, *Stopping the Great Food Swap*, *op. cit.*

la perche du Nil est conditionnée au bord du lac par des ouvrières, puis expédiée sous forme de parallélépipèdes surgelés vers les consommateurs européens qui en raffolent. La tête de laitue de la vallée de Salinas (Californie) arrive sur les marchés de Washington après 5 000 km de route et, pour ce seul transport, consomme 36 fois plus d'énergie (pétrole) qu'elle ne contient de calories. Lorsque la laitue parvient finalement à Londres par avion, elle a consommé 127 fois l'énergie (pétrole) qu'elle contient. Les « périssables » – c'est-à-dire les produits frais – traversent les mers et les airs, pour un volume en croissance de 4 % par an [1].

L'équipée du ketchup suédois offre, parmi tant d'autres, un dernier exemple symptomatique : tout d'abord, une production d'intrants agricoles en provenance de divers pays pour la culture de la tomate et sa transformation en purée en Italie ; ensuite, la préparation et le conditionnement de la purée de tomate et autres ingrédients en Suède ; enfin, la distribution et le stockage final du ketchup dans les familles suédoises. Les sacs aseptiques utilisés pour contenir la purée de tomate ont été produits aux Pays-Bas puis transportés en Italie pour y être remplis, rangés dans des conteneurs d'acier et envoyés en Suède. Les célèbres bouteilles rouges ont été fabriquées en Grande-Bretagne ou en Suède à partir de matériaux en provenance du Japon, de l'Italie, de la Belgique, des États-Unis et du Danemark. Le bouchon en polypropylène de la bouteille a été fabriqué au Danemark et transporté en Suède. Enfin, un film de polyéthylène et du carton ondulé ont été utilisés pour distribuer le produit final. L'arrivée du ketchup sur la table suédoise marque ainsi le

---

1. Stavros Evangelakakis, Cargolux, « Fresh opportunities : a conference for everyone seeking a share in this fast expanding trade », Perishables Transportation Conference, 30 juin-2 juillet 2002, Vitoria, Espagne.

terme de plus de cinquante-deux étapes de transformations et de transports[1]. Encore a-t-on négligé dans l'analyse de ce cycle la fabrication de l'étiquette, de la colle et de l'encre.

Le coût des « kilomètres-aliments »

Les coûts énergétiques et financiers de la production agricole et du transport des denrées alimentaires ont une nouvelle fois été évalués, à l'échelle du Royaume-Uni, au début de l'année 2005[2]. En Grande-Bretagne, chaque personne dépense en moyenne 36,5 euros par semaine pour son alimentation. Mais les coûts cachés dans le transport et la dégradation de l'environnement augmenteraient cette facture de 12 % s'ils étaient pris en compte. Pour l'ensemble du pays, près de 6 milliards d'euros annuels seraient économisés si l'agriculture britannique devenait biologique, si les subventions aux agriculteurs productivistes étaient annulées et les courses des consommateurs effectuées en bus ou en vélo pour acheter des aliments produits localement. Ce calcul est basé sur la notion de « kilomètre-aliment », qui encapsule les distances parcourues de la ferme au domicile, de la fourche à la fourchette. Si l'alimentation de chaque Britannique provenait de fermes sises à moins de 20 km de chez lui, les coûts évités seraient de 3 milliards d'euros par an. « Il est préférable d'acheter une laitue locale qu'une laitue biologique qui provient de l'autre côté de l'Europe, dit le professeur Pretty. Les Britanniques payent trois fois leurs

---

1. Karin Andersson, Thomas Ohlsson, Pär Olsson, « Screening life cycle assessment (LCA) of tomato ketchup : a case study », *Journal of Cleaner Production*, Elsevier, n° 6, 1998, pp. 277-288.
2. Steve Connor, « Buy local produce and save the world : why food costs £4bn more than we think », *The Independent*, 3 mars 2005.

aliments. Une fois à la caisse du supermarché, une seconde fois par le coût de l'impact sur l'environnement, une troisième fois par les subventions aux agriculteurs [1]. »

« ÉCONOMISER LE PÉTROLE À LA HÂTE »

Les célèbres rapports annuels de l'Agence internationale de l'énergie (*World Energy Outlook*) ont rarement vanté les mérites de la sobriété énergétique et plus souvent exhorté les États et les industriels à investir dans l'exploration et la production de nouvelles ressources pour répondre à une demande toujours présentée comme inexorablement croissante. Mais, en ce mois d'avril 2005, l'AIE a publié un document au titre alarmiste – « Économiser le pétrole à la hâte [2] » – pour inciter les pays de l'OCDE à économiser les hydrocarbures. Signe des temps ? Amorce d'une prise de conscience ? Le quotidien français *Le Monde* va jusqu'à écrire que les mesures proposées par l'Agence sont « dignes d'un parti écologiste [3] » pour insister sur leur caractère nouveau et radical. Elles sont en effet saisissantes : réduction de la vitesse à 90 km/h sur les autoroutes et création de voies spéciales pour le covoiturage ; interdiction de la circulation automobile non professionnelle le week-end ; rationnement de l'essence ; baisse des tarifs ou gratuité des transports publics ; circulation alternée durant certaines périodes ; raccourcissement de la semaine de travail de cinq à quatre jours ; incitation au télétravail pour limiter les déplacements professionnels. Le document de l'AIE, tout entier basé sur des calculs utilitaristes de rapports coûts/effi-

---

1. *Ibid.*
2. AIE, *Saving Oil in a Hurry*, avril 2005.
3. *Le Monde*, 3 avril 2005.

71

cacité, doute lui-même de la volonté des gouvernements d'appliquer ses recommandations. Il reconnaît par exemple que le nombre de voyages en automobile ne cesse d'augmenter, ainsi que la longueur des trajets, et que toutes les politiques de transport dans les pays riches, ayant plutôt consisté à élargir les choix de déplacements qu'à tenter de les restreindre, ont eu peu d'impact sur la baisse de la consommation de pétrole.

Le paradoxe politique est là : tout élu, tout candidat qui proposerait des mesures visant à réduire la mobilité y gagnerait une impopularité propre à le faire battre dès la prochaine échéance électorale. Ce ne sera donc qu'avec l'arrivée des pénuries réelles et des prix élevés des carburants que les consommateurs réduiront de force leur demande de pétrole, tout en accusant à juste titre le gouvernement de n'avoir rien prévu. Devant le choc pétrolier chronique qui s'annonce, tout gouvernement deviendra impopulaire, quoi qu'il fasse. Il ne fera donc rien de conséquent et lâchera simplement des compensations financières au fur et à mesure des mouvements revendicatifs de telle ou telle catégorie d'agents sociaux. Politique de gribouille et à courte vue assurément, alors que ce même gouvernement sait parfaitement que certaines mesures d'économie d'énergie dans les transports nécessitent une planification préalable si l'on veut obtenir un quelconque résultat significatif. Ainsi, parmi les mesures les plus efficaces proposées par l'AIE pour réduire la consommation de carburant, seule la réduction à 90 km/h de la vitesse maximale sur autoroute pourrait être d'application quasi immédiate, les autres exigeant de longues campagnes d'information ainsi que la mise en place de facilitations et de systèmes de sanctions.

PÉNURIE DE TANKERS

Les routes d'acheminement du pétrole sont aussi importantes que ses lieux d'extraction et de consommation, souvent fort éloignés les uns des autres. Les marées noires qui ont souillé les côtes bretonnes ou aquitaines ces quarante dernières années nous rappellent dramatiquement l'intensité du transport maritime du pétrole. Or il n'existe guère plus de 1 500 tankers pétroliers dans le monde, chiffre assez bas pour accroître encore la tension sur les marchés. Comme dans les secteurs de l'exploration et du raffinage, les compagnies sous-investissent dans le domaine du transport pétrolier. Et pourtant, la croissance de la demande aidant, celui-ci est très profitable. En 2003, l'affrètement du tanker norvégien *Front Page* par la compagnie ExxonMobil pour transporter 2 millions de barils de brut depuis le Koweit jusqu'en Louisiane coûtait 2,4 millions de dollars pour une traversée atlantique d'un mois via le canal de Suez. En 2004, le même trajet était facturé 6,95 millions de dollars [1]. « Il y a cinq ans, si vous vouliez louer un bateau dans le Golfe, il y en avait dix disponibles, affirme Jeffrey Goetz, consultant chez Poten & Partners, courtiers à New York. Aujourd'hui, vous en trouvez trois, parfois un ou deux. Voilà pourquoi le marché est si tendu [2]. »

La croissance de la demande chinoise a raréfié le nombre de tankers vacants puisque l'approvisionnement de ce pays, comme celui du Japon, emprunte le mode maritime, en passant notamment par le détroit de Malacca qui sépare l'Indonésie de la Malaisie. De 1995 à 2004, le tarif d'affrètement d'un superpétrolier, comme ceux qui transitent entre le

---

1. Jad Mouawad, « Not a ship to spare », *The New York Times*, 20 octobre 2004.
2. *Ibid.*

Golfe et le Japon, est passé de 35 000 à 135 000 dollars par jour, soit une augmentation de 4 millions de dollars sur un aller simple de quarante jours. « C'est un bon business, dit tranquillement Tor Olav Troim, vice-président de Frontline, le plus important propriétaire de tankers du monde. Tous nos bateaux sont utilisés aujourd'hui. Nous réalisons un bénéfice net quotidien de 5 millions de dollars, même le dimanche [1]. »

En avril 2005, sous la pression de l'opinion publique, à la suite de marées noires répétées, l'Organisation maritime internationale (OMI) a décidé de mettre hors service tous les navires pétroliers construits avant 1982. En outre, tous les tankers à simple coque devront être envoyés à la casse avant 2010. C'est donc au total 40 % de la flotte actuelle qui devra être remplacée en cinq ans, ce qui semble impossible au vu du délai minimal de quatre ans entre la commande et la livraison de tels navires pétroliers. « On nous a demandé s'il y a suffisamment de bateaux, dit Louisa Follis, directrice de recherche chez Simpson, Spence & Young, courtiers maritimes à Londres. Bon. Combien êtes-vous prêt à payer ? »

PÉTROLE PARTOUT

Le pétrole possède de telles qualités que nous le retrouvons dans toutes les activités que nous pratiquons, tous les biens que nous consommons et tous les services dont nous profitons. Et pour chacun de ces produits ou services, il est possible de calculer ce que son existence coûte en énergie. Ce calcul, c'est l'analyse du cycle de vie (dite ACV ou « écobilan »), c'est-à-dire « un bilan quantifié des flux de

---

1. *Ibid.*

matière et d'énergie entrant et sortant aux frontières d'un système représentatif du cycle de vie d'un produit ou d'un service [1] ». Ainsi, la production d'un poste de travail informatique (24 kg) tel que celui utilisé pour écrire ce livre nécessite 240 kg de pétrole, soit, en proportion de son poids, plus que pour la production d'une voiture [2]. Les exemples abondent.

L'Union européenne a publié une étude sur le cycle de vie de certains produits et services [3]. En France, la consommation annuelle de chaussures est de l'ordre de 243 millions de paires. Leur seule fabrication réclame 13 000 tonnes équivalent pétrole (tep), soit environ 90 000 barils, ou encore 15 millions de litres de pétrole. L'Union européenne (à 15) a consommé 5,5 millions de tonnes de textiles en 2002 à usage d'habillement, de linge de maison ou dans l'industrie. Les fibres de ces textiles sont aux deux tiers synthétiques, issues de la pétrochimie [4]. Leur prix est, en moyenne, dix fois supérieur à celui d'un baril de pétrole. Pour fabriquer un pneu de 11 kg, il faut environ 6 kg de pétrole. Une bouteille plastique d'un litre et demi d'eau nécessite 30 g de pétrole pour sa fabrication et 100 g pour l'acheminer vers son utilisateur. Etc. Que se passe-t-il lorsque le prix du pétrole augmente ? Tricia Ingraham, porte-

---

1. Laurent Grisel, Philippe Osset, *L'Analyse du cycle de vie d'un produit ou d'un service, applications et mise en pratique*, AFNOR Éditions, Saint-Denis, 2004.
2. Ruediger Kuehr, Eric Williams, *Computers and the Environment : Understanding and Managing Their Impacts*, Kluwer Academic Publishers, Eco-Efficiency in Industry and Science series, Dordrecht, Pays-Bas, octobre 2003.
3. Bio Intelligence Service, *Study on External Environmental Effects Related to the Life Cycle of Products and Services*, European Commission, 2003, appendice 1, pp. 16-17. http://europa.eu.int/comm/environment/ipp/studiesevents.htm.
4. *Ibid.*, p. 23.

parole de la compagnie américaine Goodyear Tire and Rubber, a déclaré en 2003 que tout accroissement du prix du baril de 1 dollar coûtait 20 millions de dollars à l'entreprise Goodyear. À la même époque, Bob Wells, porte-parole de la manufacture de peinture Sherwin William Co à Cleveland (Ohio), estimait qu'une augmentation de 10 % des prix du pétrole entraînait une augmentation de 1 % des prix des peintures.

Ce n'est pas forcément la fabrication d'un produit qui consomme le plus de pétrole ou, plus généralement, qui a l'impact environnemental le plus fort. L'approche « écobilan » permet justement de mesurer cet impact tout au long de la vie du produit. Ainsi, c'est parfois la phase d'utilisation qui est la plus gourmande en pétrole et non celle de conception-fabrication. C'est évidemment le cas de tous les produits qui réclament de l'énergie pour fonctionner, notamment les voitures, ou qui effectuent un long voyage pour parvenir à leur utilisateur. Mais la machine à café qui maintient le liquide au chaud est également très énergivore. Parfois, l'intensité énergétique d'un produit ne se trouve pas là où on l'attendait : Olivier Jolliet, professeur à l'École polytechnique de Lausanne, a conduit une analyse du cycle de vie des médicaments : ce ne sont pas les matières premières, la fabrication ou les emballages qui constituent le gros de leur impact énergétique, mais les visiteurs médicaux et leurs véhicules diesel...

LA DÉCROISSANCE DE LA MOBILITÉ

Aucun fluide énergétique ne peut remplacer les performances du pétrole tel que nous l'utilisons dans les transports depuis plus de soixante ans. Tous les objets qui nous entourent, dans tous les environnements que nous fréquentons, nous sont devenus accessibles parce qu'ils y ont été transportés par quelque véhicule – camion, bateau, avion – mû par un moteur thermique consommant un produit pétrolier. La fin du pétrole bon marché sera aussi la fin des transports bon marché, le début de l'inévitable décroissance de la mobilité des humains et des choses.

CHAPITRE 3

Nous mangeons du pétrole

Jusqu'au xixe siècle, c'est grâce à l'énergie solaire, sous différentes formes renouvelables, que l'humanité a pu se nourrir. À commencer par la photosynthèse, qui permet de transformer le gaz carbonique de l'atmosphère en sucres contenus dans les végétaux. Nous mangeons des végétaux ou de la viande d'animaux qui se nourrissent de végétaux. Pendant des dizaines de milliers d'années, les hordes de chasseurs-cueilleurs ont ainsi bénéficié de l'énergie libre du soleil pour s'alimenter et dépenser les calories ingérées dans d'autres activités que la chasse[1] et la cueillette[2]. En termes contemporains, le rapport énergétique extrants/intrants de la chasse-cueillette était nettement supérieur à 1 : chaque kilogramme de nourriture contenait plus de calories qu'il n'avait fallu d'efforts humains pour se le procurer.

Le bois de feu fut une seconde forme d'énergie solaire utilisée, il y a plus de 500 000 ans, pour la cuisson des aliments. Bien que l'humanité ait perdu un peu en efficacité

---

1. Nos ancêtres n'étaient-ils pas charognards plutôt que chasseurs ? Voir Yves Coppens et Pascal Picq, *Aux origines de l'humanité*, Fayard, Paris, 2002, vol. 1, p 339.
2. Seulement 25 % du temps de marche à pied des chasseurs-cueilleurs était consacré à la recherche de nourriture. Voir G. Leach, *Energy and Food Production*, IPC Science and Technology Press, Londres, 1976.

énergétique en passant du cru au cuit, elle y a considérablement gagné en plaisir gustatif et en civilité[1]. L'espace du foyer n'est pas qu'une aire technique réservée à la préparation des aliments, c'est là aussi que les êtres humains se rassemblent pour se réchauffer, manger ensemble et croiser leurs regards.

Cependant, le système énergétique paléolithique dépendait entièrement des conditions prescrites par l'environnement : se déplacer là où se trouve la nourriture, peiner davantage pour en trouver lorsque le climat ou la saison étaient défavorables. Beaucoup de pérégrinations, pas de stocks. Au Néolithique, la culture et l'élevage permirent d'échapper à ces contraintes en fixant le lieu d'approvisionnement et en dissociant la consommation de la prédation. L'agriculture ainsi que les moyens de stockage et de distribution établirent un nouveau système alimentaire doté d'une nouvelle efficacité énergétique. Ce n'était plus l'environnement qui imposait au groupe humain sa régulation alimentaire, c'était le groupe humain qui organisait l'environnement en fonction de ses besoins. Néanmoins, jusqu'au XIXe siècle, c'est toujours l'énergie solaire qui est sollicitée pour actionner les systèmes agroalimentaires : travail de la terre par les paysans, les esclaves et les animaux de trait, culture irriguée des céréales, courant des fleuves, voiles des bateaux, puissance des galériens, endurance des ânes et des chameaux pour transporter les récoltes, moulins à vent et roues à aubes... Ce n'est pas la nature des énergies mises en œuvre, toutes renouvelables, qui différencie ces systèmes agroalimentaires, c'est l'organisation de leur utilisation.

---

1. Symbolisée par le jaguar Gé, « auquel les hommes ont donné une femme, et qui, en échange, cède le feu et la nourriture cuite à l'humanité ». Voir Claude Lévi-Strauss, *Le Cru et le cuit*, Plon, Paris, 1964, p. 99.

Au XXe siècle, surtout après la Seconde Guerre mondiale, la « révolution verte » – quelle ironie de nommer ainsi l'industrialisation de l'agriculture et son emploi intensif des hydrocarbures ! – transforma complètement les méthodes agricoles et la vie des paysans. Ces derniers ne sont plus aujourd'hui que des unités de travail humain (UTH) dans le maillon fermier d'une chaîne agroalimentaire qui, du point de vue qui nous intéresse, est devenue un gouffre énergétique : elle consomme beaucoup plus d'énergie en amont qu'elle ne délivre de calories en aval. Typiquement, la chaîne agroalimentaire industrielle contemporaine dépense 10 kcal pour fournir 1 kcal alimentaire dans l'assiette des consommateurs (hors énergie consommée pour cuisiner) [1]. La haute productivité et le déficit énergétique de l'agriculture industrielle sont entièrement dus à la disponibilité bon marché des hydrocarbures, à ce « cadeau provisoire du passé géologique de la Terre [2] ».

MESURER LE PROGRÈS, CONSTATER SON INEFFICACITÉ

Au cours des millénaires où les systèmes agroalimentaires ont été basés sur l'énergie solaire, les productivités agricoles ont augmenté, de même que les quantités d'énergie mobilisées par ces systèmes. De combien ? Pour mesurer ces évolutions, il nous faut préciser la notion d'efficacité énergétique d'un système, c'est-à-dire le rapport entre l'énergie fournie à son entrée et celle utilisable à sa sortie. Ce rapport sera calculé sans prendre en compte l'énergie solaire entrante, considérée comme identique lorsqu'on

---

1. Folke Günther, *Fossil Energy and Food Security*, Department of System Ecology, Stockholm University, 2001, p. 9.
2. Richard Heinberg, *The Party's Over*, *op. cit.*, p. 174.

compare, par exemple, deux fermes voisines. C'est ainsi que nous avions établi, avec cette omission, le rapport énergétique extrants/intrants pour la chasse-cueillette. Ce rapport, que nous appellerons désormais efficacité, peut dès lors être supérieur à 1.

Tout autre est la productivité agricole (parfois appelée rendement), que l'on peut mesurer en quintaux par hectare ou en quintaux par personne employée. Paradoxalement, dans les pays industrialisés, la productivité agricole a énormément augmenté depuis un siècle, alors que l'efficacité a considérablement diminué : entre 1900 et 2000, les intrants énergétiques ont été multipliés par cinquante [1] aux États-Unis, tandis que la quantité de maïs produite aujourd'hui par heure de travail est 350 fois celle obtenue par les Indiens Cherokees. La critique que nous formulons à l'égard de l'agriculture industrielle porte à la fois sur son inefficacité [2] énergétique et sur sa course à la productivité, dont les conséquences sont insoutenables en matière de dégradation de l'environnement, d'épuisement des ressources non renouvelables, de conditions de travail des agriculteurs et d'impact sur la santé humaine. Enfin, nous examinerons le bilan énergétique de l'ensemble de la chaîne agroalimentaire en observant chacun de ses maillons, l'agriculture n'en étant qu'un parmi d'autres. Au risque de choquer quelques marxistes, nous omettrons le travail humain dans nos comparaisons et bilans énergétiques. En effet, l'énergie

---

1. Mario Giampietro et David Pimentel, « The tightening conflict : population, energy use, and the ecology of agriculture », NPG Forum, octobre 1993, Taeneck, NJ, États-Unis (voir www.dieoff.org/page69.htm).

2. « Dans les sociétés industrialisées, le rendement [l'efficacité] est pour l'instant sacrifié à la puissance », écrivent Jean-Claude Debeir, Jean-Paul Deléage et Daniel Hémery dans leur ouvrage *Les Servitudes de la puissance*, Flammarion, Paris, 1986, p. 13.

humaine aujourd'hui déployée sur l'ensemble de la chaîne agroalimentaire est relativement faible par rapport aux quantités d'énergies non renouvelables qui y sont mobilisées.

LE MAILLON « FERME »

Le fonctionnement d'une exploitation agricole productiviste est lié à l'énergie du pétrole. Son activité ordinaire dépend continuellement de plusieurs services entrants : l'accès à un gazole bon marché pour soutenir la mécanisation des opérations agricoles, un système de distribution d'engrais et de produits phytosanitaires, l'acquisition d'aliments pour animaux, de matériaux et d'outils, une infrastructure de renouvellement et de réparation des machines. De ce fait, combien y a-t-il de pétrole dans un litre de lait à la sortie de la ferme ? Ou, plus exactement, combien a-t-il fallu d'énergie en amont pour produire un litre de lait à la ferme ? C'est la question que se sont posée Jean-Luc Bochu et ses partenaires du groupe PLANÈTE[1]. Ce groupe s'intéresse à l'analyse énergétique dans l'optique d'un développement autonome et durable de l'agriculture. Sa méthode est fondée sur l'analyse des cycles de vie (ou bilans écologiques), considérés pour une année et globalement sur une ferme. Elle consiste essentiellement à quantifier, à l'échelle de l'exploitation agricole, les entrées et les sorties d'énergie. Selon le profil énergétique obtenu pour telle ferme, avec répartition par postes, il est possible d'identifier les marges de progrès qui pourraient être réalisées par des pratiques plus économes en énergie et/ou par la mise en œuvre d'énergies renouvelables en substitution des énergies fos-

---

1. Voir www.solagro.org/site/im_user/014planeteooct02.pdf.

siles. Sont également évaluées les émissions de gaz à effet
de serre liées à la consommation d'intrants et aux pratiques
agricoles.

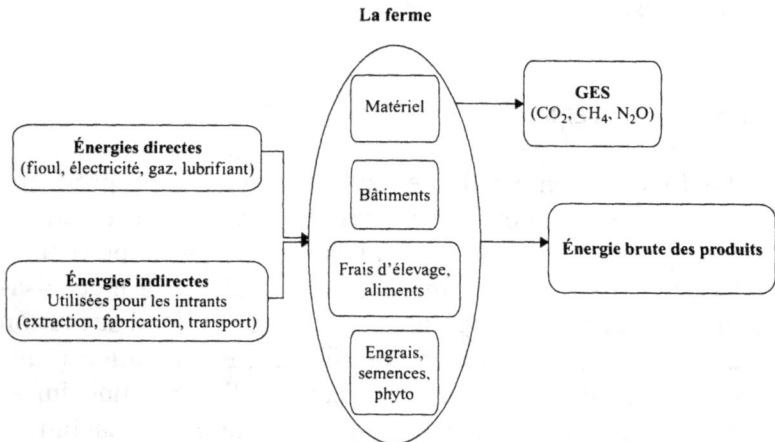

Figure 1. Schéma général de l'analyse PLANÈTE.

Pour illustrer cette méthode, Jean-Luc Bochu a analysé
une ferme « bovin lait strict », dont la production principale
est donc le lait de vache et, marginalement, la vente de
viande de réforme et des veaux issus du troupeau laitier. La
ferme, gérée par deux personnes, a une surface agricole utile
de 25 hectares (ha) pour 25 vaches laitières et 150 000 litres
de lait produits annuellement. L'assolement est composé de
13 ha de prairies naturelles, 9 ha de prairies temporaires
(graminées + légumineuses), 3 ha de maïs ensilage et 2 ha
de fourrages vesce – avoine en dérobé. Les achats se distri-
buent en :
- 12 tonnes de luzerne déshydratée,
- 12 tonnes de concentrés maïs/soja,
- 1 800 kg d'azote, 900 kg de phosphore et 2 500 kg de
potassium,
- 2 000 litres de fioul domestique utilisé directement,

- 900 litres environ consommés par les tiers (CUMA, entreprises),
- 10 000 kWh d'électricité,
- 1 000 litres de gazole.

La consommation énergétique de cette ferme se répartit en 36 % d'énergie directe (fioul, électricité) et 64 % d'énergie indirecte (voir annexe 1, figure 3). L'efficacité de la ferme, c'est-à-dire son rapport sorties/entrées, est de 0,69. Ses émissions de gaz à effet de serre s'élèvent à 218 tonnes équivalent CO_2 par an, soit 8,6 tonnes équivalent CO_2 par hectare. Du point de vue énergétique, cette ferme se situe dans la moyenne des exploitations productivistes comparables. La consommation d'énergies directes représente une part modérée de la consommation totale d'énergie (fioul : 15 % ; électricité : 12 %) et une valeur économique faible (environ 1 500 euros). Mais la fertilisation et les achats d'aliments constituent 47 % de la consommation d'énergie et une valeur plus élevée (environ 7 000 euros). Réduire la consommation d'énergie et améliorer l'efficacité est indispensable et possible, notamment en adoptant les pratiques de l'agriculture biologique, qui consomme cinq fois moins d'aliments et huit fois moins d'engrais externes.

Comparaison entre fermes

Les équipes du groupe PLANÈTE ont analysé près de cent quarante fermes en France pendant les années 2000 et 2001. Leur consommation énergétique moyenne est de 0,50 tonne équivalent pétrole par hectare (tep/ha), ou 630 équivalent litres de fioul (EQF), avec des extrêmes allant de 75 EQF/ha à plus de 3 000 EQF/ha pour des exploitations avec un élevage hors sol. La moitié des fermes étudiées consomment moins de 550 EQF/ha. Quatre postes représentent 80 % de la consommation totale d'énergie : le fioul domestique et l'électricité (y compris l'irrigation en collectif) et deux postes d'énergie indirecte, la fertilisation et les achats d'aliments pour le bétail. L'efficacité varie de 0,20 à 9,5 selon les systèmes de production, et en particulier selon la part des productions végétales de vente. Les exploitations les plus efficaces du point de vue énergétique sont celles axées sur les productions végétales (efficacité moyenne de 5,20, variant de 1,5 à 9,5), les moins efficaces celles spécialisées dans l'élevage pour la viande (variant de 0,20 à 1,93).

L'analyse énergétique de onze fermes bourguignonnes [1] confirme que la production de viande est beaucoup plus inefficace que celle de céréales. Les deux fermes céréalières ont une efficacité supérieure à 5, les trois fermes mixtes entre 1 et 5. Les six fermes de production animale présentent en revanche une efficacité inférieure à 1. En moyenne, les fermes françaises, américaines ou suédoises [2] consomment directement plus de 20 % de leur énergie sous forme de pétrole liquide, carburant des machines. En France, le gazole utilisé par les agriculteurs et les marins-pêcheurs est exempté de la taxe intérieure sur les produits pétroliers (TIPP). Toute hausse des cours du baril se répercute directement sur le prix du litre de gazole.

La comparaison entre agricultures de pays très différents est encore plus édifiante lorsqu'on se concentre sur les seules énergies fossiles en entrée. Une étude italienne [3]

---

1. Bernadette Risoud, « Energy efficiency of various French farming systems : questions to sustainability », International Conference « Sustainable Energy : New Challenges for Agriculture and Implications for Land Use », Wageningen University, Pays-Bas, 18-20 mai 2000.
2. Folke Günther, *Fossil Energy and Food Security*, op. cit., p. 3.
3. Piero Conforti et Mario Giampietro, « Fossil energy use in agriculture : an international comparison », *Agriculture Ecosystems & Environment*, vol. 65, 1997, pp. 231-243.

montre ainsi que les pays les plus inefficaces (efficacité inférieure à 2) sont ceux que l'on considère généralement comme les plus « développés » – les États-Unis, l'Europe de l'Ouest, Israël, le Japon, l'Australie –, tandis que les pays les plus efficaces sous cet angle (efficacité supérieure à 30) comprennent notamment le Ghana, la République centrafricaine, le Niger ou encore l'Ouganda [1]. Aux extrêmes, la production de viande de bœuf en Amérique du Nord [2] peut présenter une efficacité dérisoire de 0,01 – c'est-à-dire un litre de pétrole consommé pour produire un kilogramme de bifteck sur pied ! – tandis que la production de riz en Chine [3] affichait une efficacité de 50 dans les années 70.

PÊCHE

Pêche en mer	0,5 à 50 %
Aquaculture	1 à 10 %

ÉLEVAGE

Agneau hors sol	0,5 %
Porc hors sol	1,5 %
Bœuf hors sol	3 %
Œufs	3,5 %
Lait	5 %
Agneau pâturage	6 %
Poulet	6 %
Bœuf pâturage	10 %

---

1. Dave Darlington remarque pertinemment que ce n'est pas l'inefficacité de l'agriculture subsahélienne qui conduit à la malnutrition, mais plutôt les guerres, les génocides et le néocolonialisme. Voir www.veganorganic.net/agri.htm.
2. J. De Witt, P.T. Westra, A.J. Nell, *Livestock and the Environment*, International Agriculture Center, Wageningen, Pays-Bas, 1996, étude pour la FAO.
3. Michael J. Perelman, « Farming with petroleum », *Environment*, 14(8), 1972, pp. 8-13.

CÉRÉALES

Blé	200 %
Riz	210 %
Maïs	250 %
Soja	400 %

FRUITS ET LÉGUMES

Épinards	23 %
Tomates	60 %
Pommes	110 %
Pommes de terre	160 %
Oranges	170 %
Betteraves	360 %

Figure 2 : Efficacité énergétique moyenne des agricultures occidentales selon la nature et les conditions de la production [1].

Une façon plus complète d'appréhender l'efficacité agroalimentaire est de traduire le tableau précédent en pétrole en évaluant toutes les consommations énergétiques depuis la ferme jusqu'à l'assiette. Il faut donc compter l'énergie requise par les travaux et les intrants agricoles, puis le traitement et la transformation par l'industrie alimentaire, les opérations de conditionnement et d'emballage, les transports et la distribution, les courses, la conservation et la cuisson (voir annexe 1, figures 4 et 5).

Entre les trois types de régimes alimentaires, « non végétarien », « lacto-ovo-végétarien » et « végétarien pur », le

---

1. David Pimentel et Marcia Pimentel, *Food, Energy and Society*, University Press of Colorado, 1996. Pour faciliter la lecture, j'ai exprimé ces efficacités en pourcentage : une production agricole dont l'efficacité est supérieure à 100 % délivre plus de calories qu'il n'en a fallu pour la produire.

premier consomme en moyenne deux fois plus d'énergie que le troisième, le second se situant entre les deux. Une alimentation plus économe en énergie suivrait donc trois orientations opposées à celles d'aujourd'hui : elle serait plus locale, plus saisonnière et plus végétarienne.

L'AVAL DE LA CHAÎNE AGROALIMENTAIRE

La plupart des produits agricoles sont traités ou transformés pour respecter les règles sanitaires, prolonger la durée de leur consommation, voire améliorer leur goût et leur digestion. Ces opérations consomment de l'énergie en propre, ainsi que dans les transports qu'elles engendrent. À titre d'exemple, la mise en conserve, la surgélation ou la déshydratation des fruits et légumes augmentent considérablement leur disponibilité et leur utilisation. Que ces opérations soient effectuées chez soi ou par un industriel, elles ont un coût énergétique dû à la préparation (cuisson et/ou congélation) et à l'énergie requise par leur emballage (boîte de conserve métallique ou barquette de polyéthylène). La mise en conserve d'un kilo de fruits nécessite 575 kcal pour sa préparation et 2 215 kcal pour son emballage [1]. Soit, au total, 2 790 kcal, alors que le kilo de fruits a un contenu énergétique d'environ 580 kcal. Ce même kilo de fruits surgelé consomme 1 817 kcal de préparation et 1 231 kcal d'emballage plastique, auxquels il faut ajouter 264 kcal par mois de conservation au congélateur. Le surgelé est donc plus énergivore que la boîte, d'autant plus que le congélateur industriel puis domestique qui va l'accueillir un certain temps est lui-même un gros consommateur d'énergie.

Que mange-t-on ? Ce maillon de la chaîne agroalimen-

---

1. *Ibid.*

taire, celui de la consommation, est le plus coutumier qui soit, le plus énergivore aussi si l'on y inclut, à la maison ou au restaurant, les approvisionnements (les courses, effectuées à pied, en voiture...), le stockage (dans le réfrigérateur et le congélateur) et la préparation (la cuisine). Cru ou cuit ? Grillade, bouilli, friture ou rôti ? Cuisson au bois, au gaz ou à l'électricité ? La variété de l'art des mets est illimitée, et si importante qu'un pays, une région ou une personne se distingue souvent par sa cuisine, censée subsumer son être.

Du point de vue écologique, le maillon culinaire de la chaîne agroalimentaire n'est pas le dernier ; il nous faudrait en effet évaluer en aval les quantités d'énergie consommées par le traitement des eaux usées et des déchets, putrescibles ou non. Jusqu'à abandonner le terme « chaîne agroalimentaire » pour « cycle agroalimentaire », puisque vider une poubelle ou actionner une chasse d'eau ne fait pas pour autant disparaître les déchets organiques. Malheureusement, peu d'études énergétiques ont été consacrées à cette partie terminale du cycle, éludée par un imaginaire productiviste où rien ne semble digne d'intérêt ni n'avoir de valeur après la consommation. Pourtant, l'accumulation des déchets de toute nature nous menace aussi aujourd'hui : outre les déchets ménagers, il y a les rejets polluants de toutes industries, les émissions de gaz à effet de serre, les éléments radioactifs du nucléaire. Depuis une vingtaine d'années cependant, sous les effets conjugués des luttes écologistes, des désastres environnementaux ou sanitaires et de la promotion conceptuelle du « développement durable », on a conscience que le traitement des déchets de l'après-consommation a un coût économique, coût que les industriels, les gouvernements et les consommateurs se renvoient les uns aux autres.

L'ÉNERGIE EXOSOMATIQUE

Une autre façon d'appréhender l'insoutenabilité du système agroalimentaire productiviste est de faire appel, dans nos comparaisons, à la dichotomie introduite par l'écologiste Alfred Lotka entre les instruments endosomatiques, qui appartiennent au corps (mains, jambes, ailes, nageoires, énergie musculaire...), et les outils exosomatiques, qui sont mobilisés ou fabriqués pour prolonger ou démultiplier l'action (massue, roue, machine à vapeur, ordinateur, pétrole...). Avant la révolution industrielle, pratiquement toute l'énergie, endosomatique et exosomatique, utilisée par l'humanité provenait de sources renouvelables, d'origine solaire. Aujourd'hui, 14 % seulement de l'énergie exosomatique consommée dans le monde est d'origine renouvelable (biomasse et hydroélectricité). Le reste est d'origine fossile pour 80 % ou fissile pour 6 %. La proportion respective exo/endo a également beaucoup changé, passant de 4 pour 1 dans les sociétés pré-industrielles à 40 pour 1 dans les pays de l'OCDE, et jusqu'à 90 pour 1 aux États-Unis [1]. En outre, dans nos pays, l'énergie endosomatique est de plus en plus réservée à la gestion de l'énergie exosomatique, à l'organisation de l'information pour réguler les mouvements des machines. Le travail manuel, pénible, est souvent remplacé par la conduite d'engins : la moissonneuse-batteuse a détrôné la faux et le fléau. À titre d'exemple, un moteur à essence de puissance moyenne peut transformer les 10 000 kcal d'un litre de carburant en 2,3 kWh d'énergie mécanique pour actionner la toupie d'une bétonnière ou le vilebrequin d'une voiture, ce qui correspond à plus de 4 jours de travail musculaire humain ordinaire.

---

1. Dale Allen Pfeiffer, *Eating Fossil Fuels*, Sherman Oaks, Californie, From The Wilderness Publications, 2004.

Un être humain a besoin d'au moins 2 500 kcal alimentaires par jour pour reproduire sa force de travail. L'efficacité d'un humain est de l'ordre de 20 %. Il peut donc dépenser quelque 500 à 600 kcal par jour dans l'ensemble de ses activités. L'efficacité globale de la chaîne agroalimentaire productiviste étant de 0,1 [1], nourrir chacun d'entre nous nous contraint à trouver quotidiennement 25 000 kcal d'énergie exosomatique, dont les quatre cinquièmes proviennent des hydrocarbures, soit à peu près deux litres de pétrole. Lorsque le cours du baril de brut grimpera fortement et définitivement (aujourd'hui ? en 2007 ? en 2010 ?), le prix des produits alimentaires augmentera simultanément. Lorsque la production mondiale d'hydrocarbures déclinera pour des raisons géologiques (en 2010 ? en 2015 ?), il y aura moins d'énergie fossile pour actionner l'ensemble de la chaîne agroalimentaire – à moins qu'on ne diminue la consommation de pétrole dans d'autres secteurs, dans le tourisme par exemple, ce qui conduira à reconvertir des millions d'emplois dans le monde du transport, de l'hôtellerie et de la restauration.

LE DÉCLIN MONDIAL DE LA PRODUCTION DE CÉRÉALES

De 1950 à 2000, la production mondiale de céréales a été multipliée par trois [2]. Un examen plus attentif de l'évolution de ces productions révèle un aspect inquiétant : dans son dernier rapport, la FAO (Organisation des Nations unies pour l'alimentation et l'agriculture) indique que, en 2004, pour la cinquième année consécutive, la moisson ne parviendra pas à

---

1. Nous avons vu qu'il faut dépenser environ 10 kcal en amont pour fournir 1 kcal au consommateur final (hors énergie consommée pour cuisiner).
2. Données agricoles de la FAO, http://faostat.fao.org.

satisfaire la consommation, à l'échelon mondial, malgré une récolte exceptionnelle. La croissance démographique, la destruction des agricultures traditionnelles et l'accès aux circuits agroalimentaires entraînent en effet une demande supérieure à l'offre, comme si Thomas Malthus commençait à avoir raison, deux siècles après avoir énoncé sa prédiction. Les stocks connaissent les plus bas niveaux jamais enregistrés, bien en dessous des 70 jours de consommation mondiale prescrits pour la sécurité alimentaire. Lester Brown, président de l'Earth Policy Institute [1], craint une pénurie de céréales pour 2005. La situation est déjà alarmante en Chine, où la production de céréales de 2003 a chuté de 70 millions de tonnes par rapport à 1998, quantité qui équivaut à l'ensemble de la production du Canada, l'un des leaders mondiaux en matière d'exportations de céréales [2]. La situation est analogue dans le reste du globe. Comment pourrait-il en être autrement alors que les surfaces de terre arable diminuent sous les effets conjugués de l'accroissement de la population (nous sommes 76 millions de plus que l'an passé), de l'expansion urbaine, de l'érosion des sols et du manque d'eau ?

La loi de Liebig : l'exemple du phosphore

Jadis, l'agriculture traditionnelle était presque autosuffisante en engrais, fournis par les déchets animaux et végétaux épandus sur la même terre qui avait nourri les céréales et les légumes dont ils étaient issus. Le compost, le fumier, les rejets animaux étaient recyclés sur place et transformés par les micro-organismes pour être assimilés par les plantes.

---

1. Voir www.earth-policy.org.
2. Geoffrey Lean, « The more we grow, the less able we are to feed ourselves », *The Independant*, 29 août 2004.

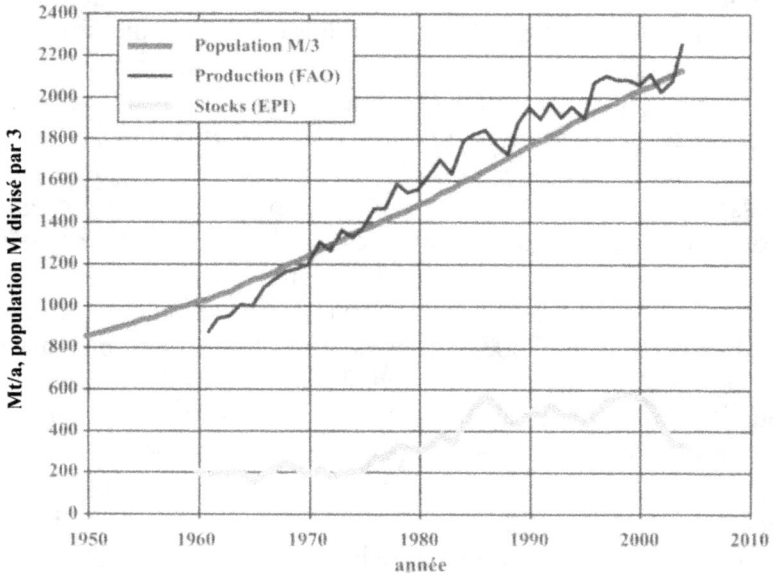

Figure 3. Production mondiale de céréales, consommation, stocks et population (1950-2004) [1].

À peu de chose près, ce type d'agriculture ne manquait pas d'azote, fixé par les légumineuses à partir de sa phase gazeuse dans l'air ambiant. Le potassium est également relativement abondant dans le sol et dans les déchets verts, les vinasses de betteraves et les marcs de raisin. Le phosphore, plus rare, provenait du compost et des fientes de volailles, voire du guano lorsqu'il en existait.

Or le cycle du phosphore présente une caractéristique

---

1. Jean Laherrère 2005 ; Earth Policy Institute ; FAO. On voit que la production mondiale de grains plafonne, tandis que la consommation continue de monter et que les réserves s'effondrent.

unique parmi les grands cycles bio-géo-chimiques de sustentation de la vie. À la différence de l'azote, le phosphore n'a pas de phase gazeuse et son transfert n'est pas contrôlé par des réactions microbiennes. Sa présence dans la terre est dépendante du réemploi des résidus. La situation chimique des sols a donc changé considérablement depuis que les résidus végétaux ou animaux ne sont plus réutilisés sur place mais, à cause du transfert des produits agricoles dans les villes, se retrouvent dans les poubelles – même « vertes » – au bas de nos immeubles. Le départ des céréales, des fruits et des légumes loin de leur lieu de production introduit dans les sols un déficit en éléments essentiels.

Aujourd'hui, l'agriculture industrielle nécessite donc un apport permanent de fertilisants extérieurs, souvent représentés par le trio majeur N-P-K : azote, phosphore, potassium. Des éléments chimiques secondaires – calcium, magnésium, soufre – doivent aussi être fournis, ainsi que des métaux en faible quantité (oligoéléments). Les engrais fabriqués par les industriels de la chimie – tels que Grande Paroisse, filiale de Total, dont l'usine AZF de Toulouse a explosé le 21 septembre 2001 – sont des mélanges de ces éléments dans des proportions variant selon le type de culture à amender.

Parmi ces intrants indispensables à l'agriculture, le phosphore est le plus problématique en raison de sa rareté relative dans le sol. Il faut l'importer depuis des mines de phosphate, peu nombreuses dans le monde, et son coût énergétique d'extraction s'accroît (l'efficacité minière diminue)[1]. Si, comme j'estime que ce sera le cas, les prix de l'énergie augmentent bientôt fortement et l'efficacité éner-

1. C.A.S. Hall, C.J. Cleveland et R. Kaufman, *Energy and Resource Quality : The Ecology of the Economic Process*, Wiley Interscience, New York, 1992.

gétique d'extraction du phosphore diminue, l'agriculture industrielle sera confrontée à un renchérissement dû au facteur de production « phosphore »[1]. Celui-ci n'est pas substituable, il est essentiel à la fabrication des acides nucléiques ARN et ADN. C'est un « facteur limitant » au sens de la « loi de Liebig », ou « loi du minimum », que je vais évoquer maintenant.

Le géochimiste allemand Justus von Liebig, père de la science des fertilisants, a établi cette loi du minimum en 1840. Elle est basée sur la notion de facteur limitant et de seuils quantitatifs en deçà desquels un organisme vivant ne peut plus fonctionner. Un exemple simple de facteur limitant et de seuils quantitatifs est celui de notre alimentation en tant que nous sommes des organismes vivants : si la nourriture nous manque, nous mourons de faim ; si nous en avalons trop, nous mourons aussi. Plus généralement, la loi de Liebig peut s'énoncer ainsi : le fonctionnement d'un organisme est contrôlé ou limité par les facteurs environnementaux irremplaçables dont la quantité est la moins favorable. La plupart du temps, il s'agit des facteurs en plus faible quantité. Ainsi, nous mourons étouffés si nous manquons d'air à respirer. Plus rarement, certains facteurs sont limitants par surabondance : nous mourons de chaleur si la température est excessive.

Si vous disposez d'une tonne de farine, d'une tonne de sucre, d'une tonne de beurre et d'un seul œuf, vous pouvez mélanger tout cela et faire cuire pour obtenir un gros gâteau, mais ce ne sera pas un quatre-quarts. L'œuf, en trop petite quantité, est le facteur limitant. En agriculture, chacun des nombreux éléments chimiques indispensables est un facteur limitant. Si le phosphore manque ou atteint des prix exorbitants, la production agricole chutera ou ses prix augmente-

---

1. Folke Günther, *Fossil Energy and Food Security*, *op. cit.*, pp. 7-8.

ront à proportion du coût du phosphore dans l'ensemble des coûts de production.

Il n'existe qu'une solution à la crise approchante du phosphore, actuellement importé comme engrais, puis aussitôt perdu, emporté loin des terres avec les aliments qui le contiennent. En amont, l'alimentation animale et les engrais pour les cultures doivent être produits sur la même ferme que celle qui élève le bétail et/ou cultive les végétaux. Les fumiers et composts doivent retourner à la terre qui a permis de produire la nourriture dont ils sont les complémentaires fatals. En aval, le phosphore et les autres éléments nutritifs exportés dans les produits alimentaires doivent être récupérés et recyclés en tant qu'engrais. C'est l'urine qui contient la majeure partie du phosphore et de l'azote excrétés. Elle est récupérable isolément par l'usage de toilettes séparées pour la miction et la défécation. Le compostage des selles permet quant à lui le retour des composants de l'amendement agricole à la terre locale [1]. Même dans nos comportements les plus triviaux, nous devons nous considérer comme un élément des écosystèmes auto-organisés qui nous entourent.

Nous avons noté que l'un des grands gaspillages énergétiques du système agroalimentaire mondialisé était l'augmentation des distances entre les lieux de production agricole et les lieux de consommation alimentaire. Inverser cette tendance permettrait de réduire ce gaspillage et de rendre notre approvisionnement alimentaire moins vulnérable aux prix croissants de l'énergie, puis à la raréfaction des hydrocarbures.

À l'échelon local, combien une ferme peut-elle nourrir de

---

1. Folke Günther, « Hampered effluent accumulation processes : phosphorus management and societal structure », *Ecological Economics*, n° 21, 1997, pp. 159-174.

personnes en un circuit court (production, consommation, recyclage des sous-produits agricoles et des excrétions) ? Prenons une ferme idéale qui allie cultures et élevage d'animaux nourris localement. L'exportation des produits agricoles hors de la ferme entraîne un déficit en phosphore de l'ordre de 4 kg par hectare et par an. Un humain rejetant environ 0,7 kg de phosphore par an, le déficit en phosphore d'un hectare peut être comblé par le retour d'un volume d'excrétions correspondant à six individus. Une ferme moyenne de 50 hectares peut ainsi fournir l'essentiel de la nourriture pour 300 personnes. Bref, l'autosuffisance agricole et alimentaire peut être pratiquement établie dans un cycle local ferme ↔ hameau ou quartier lorsque la nourriture animale est locale et que les fumiers et excréments sont recyclés sur la ferme. Ce circuit court implique une diversité productive de la ferme, correspondant à la diversité alimentaire sollicitée par les consommateurs.

À une échelle plus large, une dizaine de fermes de ce type, pour une surface agricole totale de l'ordre de 500 hectares, peuvent constituer un cycle local en liaison avec un bourg de 3 000 personnes, auxquelles il faut ajouter 50 hectares de plans d'eau, de forêt et de haies pour la soutenabilité environnementale, notamment afin de compenser la perte annuelle d'environ 0,3 kg de phosphore par hectare agricole [1].

À l'échelle nationale ou mondiale, nous avons vu la dépendance croissante des grands systèmes agroalimentaires à l'égard de l'énergie bon marché. Ceux-ci seront bientôt frappés par la hausse des prix du pétrole, puis de l'énergie en général. Si nous voulons essayer de maintenir une certaine sécurité d'approvisionnement alimentaire, la

---

[1]. Folke Günther, *Fossil Energy and Food Security*, op. cit., pp. 14-15.

seule voie possible est la réduction de la consommation énergétique de l'agroalimentaire, en liant en boucle l'agriculture à une alimentation plus biologique, plus locale, plus saisonnière et plus végétarienne. Autrement dit, il faut encourager la ruralisation des habitats et des activités. Cela va à l'encontre de la tendance actuelle de la politique agricole commune (PAC), et plus largement de la spécialisation agricole des régions et de l'urbanisation des implantations humaines.

INVERSER LA TENDANCE

La crise énergétique durable qui arrive tendra à renchérir les coûts de production agricole et halieutique, puis les prix de l'alimentation. Puisqu'il s'agit de secteurs de première nécessité et que l'on connaît les traditions manifestantes des agriculteurs et des pêcheurs (ainsi que des transporteurs routiers), les gouvernements seront tentés dans un premier temps de contrebalancer la hausse des hydrocarbures par des subventions supplémentaires, supportées par les contribuables européens. Mais cette politique sera intenable à terme. Dans les pays de l'OCDE, la tendance actuelle à une alimentation moins locale, moins saisonnière, moins végétale et moins chère se transformera en « plus locale, plus saisonnière, plus végétarienne et plus chère ».

CHAPITRE 4

Inflation, récession, dépression

La montée des prix du pétrole ne va pas entraîner une diminution simultanée de la demande, qui est peu élastique en ce domaine. D'abord parce que d'énormes investissements tenant compte des avantages du pétrole ont été réalisés depuis un siècle. Ce qui veut dire que son remplacement par d'éventuels substituts exigera beaucoup de temps et d'argent. D'autant plus que toute décision de substitution massive est basée non pas sur le prix courant du pétrole mais sur l'anticipation de ses prix futurs. Or le marché du pétrole est caractérisé par le yo-yo des cours, certaines périodes de forte hausse (chocs de 1973 et de 1979) étant suivies de fortes baisses (contre-chocs de 1986 et de 1998). En conséquence, les hausses des cours sont toujours interprétées comme provisoires, avant une baisse prochaine. En outre, le pétrole est moins un produit final qu'un facteur de production, souvent un petit facteur dans un coût de production total. Il en résulte qu'il y a peu d'incitation à songer à sa substitution. Même le changement climatique et ses effets mortels, évidents lors de la canicule de l'été 2003, n'ont pas conduit l'acheteur à renoncer à l'acquisition d'un 4 × 4. Cette relative rigidité renforcera la gravité des conséquences sociales du pic. Car, cette fois-ci, il n'y aura aucune baisse des cours, aucun retour à de bas prix des produits pétroliers. L'inflation risque d'être forte, la récession aussi.

Brève histoire des prix du pétrole

Pendant les trois premiers quarts du XXe siècle, les cours du baril de brut ont été régulés par des quotas de production ou par le contrôle des prix. En dollars 2004, le prix médian du brut a été de 15,17 dollars par baril pendant la longue période 1869-2004. Ce qui signifie que, la moitié du temps, le prix du baril était inférieur à 15,17 dollars. Pendant la même période, le prix moyen mondial a été de 19,41 dollars par baril (voir annexe 1, figure 6). Depuis le début de l'ère du pétrole, celui-ci est donc une source d'énergie bon marché. Jusqu'à aujourd'hui. Qu'en sera-t-il demain ?

En 1972, le cours du baril de brut était encore à 3 dollars courants (13 dollars 2004). À la fin de 1974, il dépassait 12 dollars (38 dollars 2004 ; voir annexe 1, figure 7). La guerre du Kippour commença par une attaque de la Syrie et de l'Égypte contre Israël le 5 octobre 1973. La plupart des pays occidentaux soutenant Israël, les pays arabes exportateurs de pétrole leur imposèrent un embargo et firent chuter leurs exportations de 5 millions de barils par jour. Les capacités de contrôle des prix du brut étaient passées de Houston à Riyad. Au cours des quatre années suivantes, les prix demeurèrent stables. Mais les événements en Iran et en Irak conduisirent à un nouveau choc pétrolier en 1979 et 1980. La révolution iranienne entraîna une diminution de la production de plus de 2 millions de barils par jour entre novembre 1978 et juin 1979. En 1980, la guerre Iran-Irak fit chuter la production irakienne de 2,7 millions de barils par jour, tandis que la production iranienne baissait de 600 000 barils par jour. En conséquence, les prix du baril de pétrole grimpèrent de 14 dollars en 1978 (30 dollars 2004) à 35 dollars en 1981 (63 dollars 2004).

La récession du début des années 80 incita certains pays à faire des économies d'énergie. Les prix chutèrent jusqu'à presque 10 dollars le baril au milieu de 1986 (20 dollars 2004). Malgré quelques tentatives infructueuses de l'OPEP pour faire grimper les cours, et malgré une remontée de ceux-ci au moment de la guerre du Golfe, les prix atteignirent en 1994 leur plus bas niveau depuis 1973. Puis une forte demande américaine et le boom de la région Asie-Pacifique (que de louanges adressées aux « petits dragons », modèles de croissance, disait-on alors) firent repartir quelque peu les prix à la hausse. De 1990 à 1997, la demande mondiale de pétrole augmenta de 6,2 millions de barils par jour. Mais l'accroissement des quotas de production de l'OPEP et la crise asiatique de 1998 firent encore chuter les cours jusqu'à 8 dollars le baril (13 dollars 2004).

La séquence 1981-1998 conduit à se demander si l'OPEP est un cartel solide. Alors que cette organisation avait la main en 1980, alors qu'elle avait les possibilités géologiques de contrôler les prix, elle n'y est pas du tout parvenue pendant ces dix-sept années. Avec des cours aussi bas sur la période, les rentrées moyen-orientales de pétrodollars ne furent pas celles de la fin des années 70.

Les prix recommencèrent à monter au début de l'année 1999 lorsque l'OPEP, en avril, réduisit sa production journalière de 1,7 million de barils. Jusqu'en 2001, une croissance mondiale soutenue (Lionel Jospin s'en souvient) ainsi qu'une suite d'actions d'ouverture-fermeture des robinets de pétrole par l'OPEP firent remonter les cours. Mais les conséquences du 11 septembre 2001, la politique impériale de George W. Bush et des néoconservateurs, la croissance forte de la demande asiatique de pétrole, les limites des capacités extractives des pays exportateurs, bref, une situation de pré-pic, nous laissent aujourd'hui supposer que les cours du baril resteront désormais au-dessus des 35 dollars, en l'absence de récession mondiale.

**Cours du baril de brut
à New York**

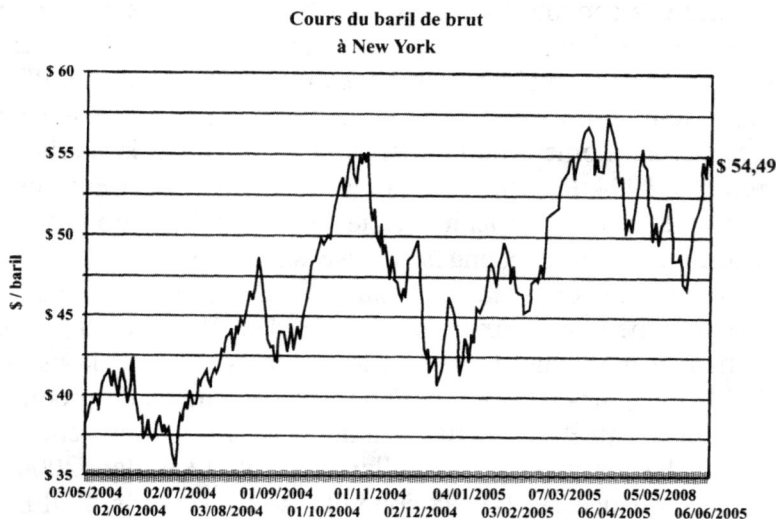

*Figure 1. Cours du brut à New York,
du 1er juin 2004 au 6 juin 2005[1].*

Le lundi 20 juin 2005, le cours du baril de West Texas Intermediate (WTI)[2] a atteint le niveau historique de 59,60 dollars. Il s'agit du niveau le plus élevé depuis vingt-deux ans que sont organisées sur le marché d'échanges de New York (le New York Mercantile Exchange, ou NYMEX) des transactions à terme sur le brut. En un an (moyenne juin 2004/moyenne juin 2005), le cours du baril a augmenté de 50 %. Certains analystes, pour se rassurer, disent qu'à 50 dollars le baril celui-ci est surestimé de 6 à 8 dollars du fait des craintes d'attentats terroristes contre des installations pétro-

---

1. WTRG Economics, 2005.
2. Le WTI est un type de pétrole qui est la référence à New York.

lières (oléoducs, terminaux...) donnant lieu à des interruptions de fourniture plus ou moins longues. Ils ont raison. Entre le 12 juin 2003 et le 17 avril 2005, on a dénombré deux cent vingt-quatre sabotages visant le pétrole rien qu'en Irak [1]. Ces événements semblent conforter notre analyse prévoyant une installation à long terme du terrorisme, en Irak et ailleurs dans le monde, un terrorisme non restreint à des sabotages pétroliers. C'est pourquoi cette surestimation du baril n'est pas conjoncturelle. Elle persistera.

LE MYTHE DE LA MOINDRE VULNÉRABILITÉ DE LA FRANCE

Les gouvernements français successifs ainsi que la quasi-totalité des économistes ne cessent de répéter que notre pays est moins vulnérable aux prix du pétrole qu'il ne l'était en 1973, à la veille du premier choc pétrolier, et, plus généralement, que l'économie française est moins dépensière en énergie que par le passé. La preuve, disent-ils, nous en est fournie par la chute, depuis plus de trente ans, de l'intensité énergétique, définie par le rapport entre la consommation primaire d'énergie et le produit intérieur brut marchand à prix constants (voir annexe 1, figure 8).

L'intensité énergétique, qui mesure la consommation d'énergie par unité de valeur ajoutée, a décru d'environ 20 % entre 1973 et 2001. Autrement dit, l'économie française serait de 20 % moins sensible aux prix de l'énergie en 2001 qu'elle ne l'était en 1973. Cependant, cette mesure, de même que le produit intérieur brut (PIB), si elle a l'avantage d'une certaine clarté bénéfique à la communication, présente un faible pouvoir d'analyse et de prévision. Ce handicap est dû à la composition du dénominateur – le PIB – et

---

1. Voir www.iags.org/iraqpipelinewatch.htm.

du numérateur – la consommation d'énergie. Entre 1973 et 2001, la composition du PIB de la France a beaucoup évolué. La part de l'industrie a diminué jusqu'à n'en plus constituer aujourd'hui que le quart, tandis que celle des services, moins consommateurs d'énergie, a augmenté jusqu'à en représenter les trois quarts, ce qui entraîne une baisse arithmétique de l'intensité énergétique, sans qu'on puisse dire pour autant que l'efficacité énergétique de chaque domaine a progressé.

Une analyse éclatée par secteur permet une approche moins trompeuse de l'intensité énergétique de la France (voir annexe 1, figure 9). Les baisses, apparemment spectaculaires, de l'intensité énergétique dans la sidérurgie (–76 %) et dans l'industrie (–50 %) sont moins dues à des efforts réels d'efficacité énergétique qu'à la fermeture d'entreprises peu efficaces ici et à leur délocalisation dans des pays moins regardants en matière de salaires et de normes sociales et environnementales. Nous avons simplement renoncé en France aux installations les plus énergivores de notre secteur secondaire – l'industrie lourde – pour faire fabriquer ailleurs (en Asie, par exemple) nos produits industriels, dans des conditions d'efficacité énergétique inconnues, puis les faire revenir de là-bas grâce à des transports mus par du pétrole. La dépense énergétique que représentent la production et le retour de ces produits en France n'est certainement pas moindre que si nous les avions fabriqués ici.

De même, la baisse affichée de l'intensité énergétique dans l'agriculture est davantage due à la réduction du nombre d'agriculteurs qu'à une efficacité croissante de ce secteur, dont nous avons vu qu'il est un gouffre énergétique. Seul le secteur habitat-tertiaire, par définition non délocalisable, présente une intensité énergétique en baisse, correspondant réellement à des économies d'énergie, notamment par une meilleure isolation des bâtiments et des chaudières plus performantes. Le secteur des transports, souvent cité comme exemple d'une bonne évolution de l'efficacité énergétique, est au contraire le plus préoccupant (voir annexe 1, figure 10). Depuis plus de trente ans, la politique visant à favoriser les déplacements individuels et l'habitat dispersé a augmenté l'intensité énergétique de ce secteur, qui dépend à 95 % des produits pétroliers. Le kilométrage annuel moyen par véhicule a légèrement augmenté depuis 1973 – de 13 000 km à 14 000 km –, de telle sorte que la consommation totale de carburants s'est accrue autant que le nombre de véhicules sur les routes, soit +100 % en trente ans.

L'idée que l'économie française serait moins vulnérable qu'il y a trente ans à la hausse des prix du pétrole est donc une idée fausse.

LA DEMANDE DÉPASSE L'OFFRE

Pendant le premier siècle et demi de l'ère du pétrole – de 1859 à 2004 –, la demande mondiale a toujours été satisfaite par l'offre. Les marges de manœuvre étaient grandes, les robinets ouverts à la demande. Les chocs pétroliers (1973, 1979) étaient politiques, non économiques. Aujourd'hui, alors que la demande mondiale moyenne en 2005 avoisine les 84 millions de barils par jour, les marges de l'offre sont quasi inexistantes. Tous les robinets débitent à leur capacité maximale, à la limite de la demande, et au risque qu'un événement (grève, sabotage, guerre...) réduise les approvisionnements. Il s'ensuivrait une situation de pénurie relative, poussant les prix vers le haut.

Les fluctuations quotidiennes ou hebdomadaires des cours du baril de West Texas Intermediate (WTI) sur le marché new-yorkais sont dues à une multitude de facteurs d'origine et de portée très différentes. Sont cités ordinairement par les commentateurs : les débits de l'OPEP, l'état des stocks commerciaux américains, la situation en Irak, le temps qu'il fait, le terrorisme, la faiblesse du dollar, la spéculation, la situation en Iran, au Nigeria, au Venezuela, en Russie, en Norvège, en Chine... Ces « explications » ponctuelles sont acceptées quelle que soit la hauteur du cours du baril – 30 dollars, 40 dollars, 50 dollars... –, alors que manque l'explication principale, celle qui répondrait au problème central : la hauteur du prix du baril. Les analystes eux-mêmes perdent tous leurs repères, incapables, dans leur représentation cornucopienne du monde pétrolier, de penser et de dire la lourde tendance du triple choc. Le 26 février 2005, Jim Wicklund, directeur de recherche en énergie à la branche assurantielle de la Bank of America, déclarait : « Aucune des corrélations historiques [voir notre liste ci-dessus] que nous utilisions ne marche. Personne ne peut vraiment expliquer, sauf par un balayage très large, pourquoi les cours du brut sont aussi élevés [1]. » Alors que le baril cote 51 dollars, son collègue Marshall Adkins, directeur de recherche en placements énergétiques dans l'entreprise de courtage Raymond James, est plus lucide : « Nous sommes encore trop bas. Il y a un changement fondamental dans les marchés pétroliers. Nous avons déjà eu des bulles pétrolières, alors que la capacité de l'offre était supérieure à la demande, ce qui n'est plus le cas aujourd'hui. Cette fois-ci, c'est différent [2]. » Les préjugés habituels des experts pétroliers, comme la croyance en un retour du cours du baril à des niveaux normaux, se heurtent désormais à l'incertitude sur ce qu'est un « niveau normal ».

---

1. Cité par Lisa Sanders, « Oil price surge defies forecasters », *MarketWatch*, Dallas, 26 février 2005.
2. *Ibid.*

S'y ajoutent les faits nouveaux que sont la croissance inatten-
due de la demande asiatique, notamment chinoise, et la fin de
l'offre de certains exportateurs traditionnels devenus importateurs en 2004, tels l'Indonésie et le Royaume-Uni.

LA SOIF PÉTROLIÈRE DE LA CHINE

Les maoïstes français des années 70, dont les principaux
militants se sont recyclés rapidement dans les médias ou la
politique, ne nous avaient jamais convaincus de la pertinence du modèle idéologique chinois, lequel, après vingt-
cinq ans d'expérimentation sur le terrain, offrait encore au
président Nixon, en 1972, la vision d'un pays replié, isolé,
sous-développé. Plus de trente ans après, l'image de la
Chine, toujours « communiste », a complètement changé
dans les esprits et les médias occidentaux. On n'en finit
plus de vanter les mérites et l'esprit d'entreprise de cette
population, qui a propulsé son pays au premier rang de la
dynamique capitaliste mondiale par un doublement de son
PIB tous les sept ans depuis 1980 (en partant de très bas, il
est vrai). En 2004, le volume du commerce extérieur de la
Chine a dépassé 1 000 milliards de dollars, soit le double
de l'année 2001. La demande chinoise d'acier a été responsable de 90 % de l'augmentation de la demande mondiale,
et de 30 % de celle de pétrole. La Chine est désormais le
troisième commerçant mondial, après les États-Unis et l'Allemagne. En 2001, les Chinois ont acheté 2,2 millions d'automobiles, en 2004 plus de 5 millions, et ce sera plus de
20 millions en 2020 si rien ne change. La Chine contribuait
déjà au PIB mondial à hauteur de 13 % en 2004. « Imaginez
l'impact de son prochain doublement [1]. »

---

1. David Morris, « The dragon chases oil », www.alternet.org,
23 février 2005.

La Chine est le dernier pays industriel de l'ère de l'énergie bon marché. Sa production manufacturière est entièrement liée à la poursuite d'approvisionnement réguliers en pétrole à prix bas. Afin de maintenir sa « croissance », elle n'a d'autre choix que de se préparer à des expéditions militaires dans des régions riches en pétrole abondant et à bas coût d'extraction, et de diversifier ses exportations de produits bon marché vers les pays consommateurs solvables. Lesquels ? Les consommateurs américains sont criblés de dettes et n'ont aucune épargne, tandis que leur pays accumule les déficits année après année et finance chèrement ses guerres extérieures (300 milliards de dollars en Irak pour les seules années 2003 et 2004). L'Amérique du Sud et l'Afrique n'ont pas les moyens de devenir le déversoir commercial des téléviseurs et des ordinateurs *made in China*. Restent les Européens pour une part, notamment le textile, et le marché intérieur chinois pour la majeure partie.

Une économie industrielle n'est pas une machine à mouvement perpétuel. Elle a besoin d'énergie pour être actionnée. Aujourd'hui, à 80 %, cette énergie provient des fossiles – charbon, gaz, pétrole. La Chine a beaucoup de charbon, mais peu de gaz et de pétrole. Son voisin russe possède d'importantes réserves de gaz naturel, qu'il achemine vers le Japon et l'Europe. Un contrat gazier Russie-Chine n'est pas en vue. Quant au pétrole, les émissaires chinois parcourent le monde pour négocier des contrats d'approvisionnement avec des pays comme le Venezuela, le Canada et les exportateurs du Moyen-Orient, au détriment du glouton pétrolier que sont les États-Unis. Les trois quarts des importations chinoises de pétrole transitent par le détroit de Malacca, sous le contrôle de l'US Navy. La Chine étudie la possibilité de construire un canal qui traverserait l'isthme de Kra, qui sépare le golfe du Bengale et la mer de Chine méridionale, pour court-circuiter le passage par le détroit.

En 2007, la Chine importera la moitié de sa consommation de pétrole, devenant le second importateur mondial après les États-Unis. Lorsque le président vénézuélien Hugo Chavez fut reçu en Chine, en décembre 2004, il signa un contrat d'approvisionnement en pétrole à long terme qui se monte à 3 milliards de dollars pour la seule première année, 2005. Afin d'éviter le canal de Panama, sous contrôle américain, les Chinois construisent un pipeline depuis les champs pétroliers du Venezuela jusqu'aux ports colombiens de la côte pacifique. Et, alors que le Canada est le premier fournisseur de pétrole des États-Unis, les Chinois rééditent la chose avec lui en investissant dans un oléoduc qui part du nord de la province de l'Alberta en direction des ports de la Colombie-Britannique, pour une fourniture quotidienne de 1 million de barils. Murray Smith, ancien ministre de l'Énergie de l'Alberta, avoue candidement : « Le déversoir chinois va changer notre dynamique[1]. » En outre, avec l'ami socialiste Fidel Castro, la compagnie pétrolière chinoise Sinopec, l'une des plus grandes du monde, s'est engagée dans l'exploration au large des côtes cubaines. Ces manœuvres territoriales, mues par l'avidité pour le pétrole, laissent envisager une âpre concurrence vitale, peut-être une guerre, entre les deux nouveaux rivaux géants que sont la Chine et les États-Unis[2].

JUSQU'OÙ GRIMPERONT LES PRIX ?

Au-delà des fluctuations quotidiennes ou saisonnières, trois facteurs décisifs poussent durablement les cours du

---

1. *The New York Times*, 23 décembre 2004.
2. James Howard Kunstler, blog, *The Clusterfuck Nation Chronicle*, www.kunstler.com, 3 février 2005.

111

brut à la hausse : la déplétion géologique du pétrole conventionnel (peu cher à extraire), l'entrée dans un monde de terrorisme et de guerres permanentes pour l'accès ou le contrôle du pétrole, la forte augmentation de la demande due au maintien de la consommation occidentale et à la croissance asiatique. Les plus de 3,5 milliards d'Asiatiques ont consommé 20 millions de barils par jour en 2004, tandis que les 293 millions d'Américains en consommaient 22 millions. Autrement dit, la population de l'Asie, douze fois plus importante que celle des États-Unis, consommait encore, l'an dernier, 9 % de moins de pétrole que les habitants des États-Unis.

Supposons que l'offre, qui approche de son seuil limite (le pic de Hubbert ; voir chapitre 1), ne parvienne pas à satisfaire la demande croissante. Le prix du pétrole augmentera jusqu'à ce qu'un nombre suffisant de consommateurs – ils sont des milliards ! – ajustent leur consommation aux possibilités de leur budget. Certains d'entre eux prendront des mesures orientées vers la sobriété ou vers l'efficacité énergétique. Si, par exemple, l'offre mondiale est de 85 millions de barils par jour, les prix se caleront à la hauteur nécessaire pour que la consommation ne dépasse pas cette quantité. Nous serons en période de pénurie relative. Puis, après le pic de Hubbert – qui pourra prendre la forme d'un plateau ondulant pendant quelque temps –, le déclin absolu de l'offre mondiale se fera à un rythme d'au moins 2 % par an. Les prix auront alors tendance à monter encore pour exclure plus d'acheteurs et réduire la consommation. Notre hypothèse d'une longue addiction au pétrole de nombreux pays nous incite à penser que la demande restera forte pour des raisons vitales. La recherche de la croissance et l'augmentation de la population mondiale continueront d'alimenter une progression de la demande de l'ordre de 1 % par an [1]. Ce qui entraîne une sobriété inéluctable d'au moins 2 % + 1 % = 3 % par an. Composée sur dix ans, cette sobriété imposée devient −27 % de consommation mondiale de pétrole, −46 % au bout de vingt ans. En estimant, avec beaucoup de largesse, le pic de production mondiale à 90 Mb/j, vers 2010, la production pétrolière de l'année 2020 chuterait autour de 65 Mb/j, l'équivalent de celle des années 1978 et 1988, tandis que la production de l'année 2030 chuterait autour de 43 Mb/j, soit celle de l'année 1973. Ces chiffres correspondent à peu près à ceux du schéma général de déplétion géologique examiné au chapitre 1, toutes choses égales par ailleurs.

Et les prix ? Il est impossible de dire ce qu'ils seront en 2010, 2015 ou 2020, sauf à en prédire la forte hausse. À titre indicatif, l'évolution du cours du baril de West Texas Intermediate à New York depuis le début de l'année 2002, date à laquelle il avait atteint un important minimum local à 16 dollars le baril, est supérieure à +25 % par an en moyenne, soit un quasi-doublement tous les trois ans. Alors que nous ne sommes pas encore en pénurie relative (?), que nous n'avons pas franchi le pic de Hubbert (?) et que les marchés pétroliers ne sombrent pas encore dans la panique, une simple poursuite de la tendance à la hausse observable depuis début 2002 entraînerait un cours du baril à 100 dollars en 2008, à 200 dollars en 2011 (en dollars 2005). Et à 300 dollars en 2015, estiment deux économistes français renommés, dont les hypothèses sont les difficultés de l'accroissement de la production de pétrole, la forte élasticité de la demande mondiale de pétrole par rapport au PIB et la

---

1. L'AIE évalue à 1,6 % par an le taux de croissance moyen de la demande mondiale de pétrole jusqu'en 2030, et à 1,7 % le taux annuel moyen de la demande mondiale d'énergie sur la même période. Cf. AIE, *World Energy Outlook 2004*, *op. cit.*, p. 59.

pétrovoracité de la Chine. Bien que les auteurs ne mentionnent pas la déplétion pétrolière ni le pic de Hubbert, ils concluent : « Il ne nous semble pas déraisonnable de prévoir un prix de 380 dollars le baril pour le pétrole en 2015[1] », soit 300 dollars le baril en dollars 2005, compte tenu de l'inflation probable. Dans cette perspective modérée, imaginons la hausse des prix des produits pétroliers de la vie quotidienne. Dans une perspective plus réaliste qui prend en compte la déplétion géologique après passage du pic de Hubbert et les tensions internationales, imaginons l'évolution du cours du baril, des prix des produits pétroliers et des autres fluides énergétiques, ainsi que, plus généralement, l'évolution de l'inflation. Inimaginable.

Les cours du baril ont toujours été volatils, erratiques, sensibles aux événements de toutes sortes : la politique, le climat, les grèves, le terrorisme et les guerres. Jadis, néanmoins, les marges de manœuvre de l'offre mondiale étaient de l'ordre de 5 à 7 % de la production courante. Les événements créateurs de volatilité avaient alors un effet bref. Aujourd'hui, à l'approche du pic de Hubbert, les marges de manœuvre sont de l'ordre de 1 %. Le système fonctionne en flux tendu, sans autre amortisseur que les stocks, qui ne cessent de baisser depuis quinze ans[2]. Un seul événement devient alors capable de provoquer une pénurie et la montée en flèche des prix. Les capacités de production résiduelles sont actuellement si faibles et la demande si forte que toute rupture d'approvisionnement supérieure à 2 millions de barils par jour sur le marché mondial entraînerait une hausse vertigineuse des cours en quelques semaines. Des sabotages

---

1. Patrick Artus et Moncef Kaabi, « Le prix du pétrole dans 10 ans : 380 dollars/baril », *Flash*, Ixis-CIB (groupe Caisse d'épargne), n° 138, Paris, 18 avril 2005.
2. Olivier Appert, « La scène pétrolière et gazière internationale », *IFP Panorama 2005*, Paris, 3 février 2005.

importants de pipelines, des explosions de terminaux, des grèves longues en Norvège et au Nigeria, des attentats contre le régime saoudien, des blocages du détroit d'Ormuz ou de celui de Malacca, une attaque américaine contre l'Iran : autant d'événements brutaux susceptibles de semer la panique sur les marchés pétroliers. Faisant monter les prix d'autant plus haut que les négociants et les spéculateurs surréagissent à tout événement concernant l'offre ou la demande. La hausse des prix et la forte volatilité des cours du pétrole se propagent à toutes les autres formes d'énergie, accroissant l'incertitude [1].

QUAND LES PRIX MONTENT, LA DEMANDE BAISSE ?

La prétendue loi de l'élasticité voudrait que les consommateurs révisent leur demande à la baisse lorsque les prix montent. Or, en 2004, la demande a crû de plus de 3,5 %, soit 2,7 Mb/j – la plus forte hausse depuis vint-cinq ans –, tandis que le cours du baril moyen augmentait de 32 % par rapport à 2003, passant de 31 à 41 dollars. Depuis le début de 1999 jusqu'à la fin de 2004, les cours du brut ont augmenté de 350 % et la demande de 10 %, contrairement à toutes les prévisions. Ce phénomène pourrait presque se nommer l'élasticité inverse [2] : la demande croît lorsque les cours montent. La croyance économique orthodoxe en l'élasticité-prix de la demande est démentie par l'observa-

1. Jean-Marie Bourdaire, « Energy supply conditions and oil price regime », Deuxième Conférence de l'ASPO, Paris, mai 2003.

2. Andrew McKillop, « Price signals and global energy transition », document de travail pour la STEM Forecasting Division, Swedish Energy Agency, septembre 2003. Du même auteur, on consultera aussi l'ouvrage récent : *The Final Energy Crisis*, Pluto Press, Londres, 2005, notamment la 4e partie, pp. 191-255.

tion de la réalité. Toutefois, cette « règle » surprenante ne vaut que jusqu'à une certaine hauteur des prix, pour une vitesse modérée de la hausse et pour une durée limitée de prix élevés.

Il en est de même d'une autre croyance conventionnelle qui postule que des prix hauts du pétrole ralentissent l'économie : « D'une augmentation de 10 dollars du cours du baril résulte une baisse de 0,4 % du PIB », disent les commentateurs. Or le contraire peut être constaté : des prix assez élevés tendent à pousser la croissance mondiale. En effet, lorsque le cours du baril monte, les volumes considérables de pétrodollars récoltés par les compagnies pétrolières, privées et surtout nationalisées, se recyclent en achats de matières premières, de produits finis ou de denrées agricoles auprès des pays exportateurs de ces biens, différents des pays exportateurs de pétrole.

Le commerce mondial croît, en impliquant même certains pays pauvres qui transforment rapidement le produit de la vente de leurs matières de base en achat de biens manufacturés. Ces pays n'épargnent pas, ils possèdent une forte propension marginale à la consommation. Tout revenu supplémentaire est converti en importation de ce dont ils manquent. Nous sommes là en présence d'une sorte de cercle vertueux keynésien à l'échelle mondiale : prix élevés du pétrole → consommation addicte par les pays riches ou émergents → grosse rente des pays exportateurs de pétrole → achat, par ces exportateurs, de produits finis en provenance des pays riches ou émergents → achat, par ces derniers, de matières premières du Sud → importation immédiate, par le Sud, de biens manquants → revenus pour les riches ou émergents → demande de pétrole → prix croissants du pétrole. Ce schéma s'est appliqué aux petits dragons asiatiques – Singapour, Corée du Sud et Taiwan – dans les années 70, alors que les cours du pétrole avaient augmenté de plus de 400 % entre 1973 et 1981. Il correspond aujourd'hui au boom de la Chine, de l'Inde, du Pakistan et du Brésil. La demande mondiale de pétrole est donc peu liée à la hauteur des cours du brut à New York, jusqu'à un certain niveau et jusqu'à une certaine vitesse de la hausse néanmoins. Un choc pétrolier peut, avec un décalage, provoquer un ralentissement ou une récession dans une région du monde et, simultanément, stimuler l'économie dans une autre région. C'est la mondialisation en tant que dynamique planétaire qui importe, non les économies d'énergie de tel pays du Nord, annulées par la voracité énergétique de tel pays émergent. Plus qu'annulées, car le phénomène globalisant accroît les échanges commerciaux, consommateurs d'énergie. Au total, un transfert d'activités énergivores des pays du Nord vers les pays émergents s'additionne à une augmentation du trafic mondial de marchandises pour accroître finalement la consommation d'énergie. La prétendue « économie de la connaissance » postindustrielle de l'OCDE repose sur un transfert massif de sa base matérielle et énergétique vers les économies émergentes. Globalement, la société mondiale n'a jamais été aussi industrielle qu'aujourd'hui.

Si, en l'absence d'événement déclencheur de panique et de hausse brutale, les cours montent plus doucement, à partir de 70 ou 80 dollars par baril il est vraisemblable que l'impact inflationniste de cette hausse sera suffisamment marqué pour que les gouverneurs des banques centrales des pays riches et pétrovoraces – l'Amérique du Nord, le Japon, l'Union européenne – relèvent les taux d'intérêt afin de tenter de contenir l'inflation. Ce remède accroîtra la douleur, réactivant celle que nous avons déjà éprouvée lors du deuxième choc pétrolier des années 1979-1983 sous l'impulsion ultralibérale de Margaret Thatcher et de Ronald

Reagan [1]. En effet, lorsque le coût de l'argent augmente, les marchés financiers se contractent et les entreprises rencontrent plus de difficultés à se financer par la Bourse ou par l'emprunt, ce qui ralentit l'activité économique. Si l'argent est plus cher, tout devient plus cher, l'inflation s'accroît. Pour tenter, par un second moyen, de juguler l'inflation, les banques impriment plus d'argent, ce qui provoque le résultat inverse : la poursuite de l'inflation. Ainsi, la méthode de la hausse des taux, censée lutter contre l'inflation, entraîne au contraire la contraction des marchés financiers et l'inflation de l'argent, puis des prix, la destruction des emplois et les difficultés des entreprises.

CROYANCES CONTRAIRES

La conviction de l'approche imminente du triple choc et de ses conséquences funestes n'est pas du tout partagée par l'immense majorité des observateurs des marchés pétroliers ni des dirigeants économiques et politiques de la planète, bien que certains d'entre eux commencent à émettre quelques doutes quant à leur modèle du monde énergétique. Les plus orthodoxes sont sans doute les économistes de l'énergie, dont la foi dans les vertus du marché et de la technologie est inébranlable. Pierre Noël est de ceux-là : « Aussi imparfaits soient-ils, les marchés pétroliers ne font pas violence aux lois économiques les plus fondamentales. Les prix bas tendent à stimuler la demande et à comprimer les budgets d'exploration et de production, créant les conditions d'un redressement des prix. Comme sur tous les marchés de matières premières (et de nombreux marchés de

---

1. Andrew McKillop, « Oil prices... fiscal folly begins at fifty-five », *Venezuela's Electronic News*, www.vheadline.com, 25 septembre 2004.

biens manufacturés), les prix du pétrole sont cycliques [1].» Nous retrouvons ici la croyance « Après la hausse, la baisse ».

Les « experts » de l'AIE ne sont pas en reste : « Comme beaucoup d'autres analystes, nous supposons, dans notre Scénario de Référence, que les prix atteints à la mi-2004 sont insoutenables [2], et que les fondamentaux du marché les feront baisser au cours des deux prochaines années [3].» Le Scénario de Référence de l'AIE prévoit une demande et une offre mondiales de 121 Mb/j en 2030. Cependant, l'Agence envisage une variante à ce scénario au cas où les prix resteraient hauts, c'est-à-dire à 35 dollars le baril sur toute la période, en dollars de l'année 2000. Elle postule alors que la demande et l'offre en 2030 ne seraient que de 102 Mb/j. Un chiffre qui ne sera jamais atteint, selon mon scénario.

La croyance dans la régulation des prix par le marché et la foi en la science et la technologie pour résoudre des problèmes « conjoncturels » d'accès à des ressources énergétiques bon marché constituent deux certitudes de la pensée libérale-productiviste, la plus communément partagée dans le monde d'aujourd'hui. La présentation de faits, de nombres, d'informations et de raisonnements qui les contredisent rigoureusement est rarement prise en considération par les gardiens de ces certitudes. Ceux-ci sont d'abord les économistes néoclassiques, qui règnent dans les universités et les médias, suivis par les chefs d'entreprise et la majorité des politiciens, deux groupes qui semblent devenir de plus en plus interchangeables, comme le montre la composition des gouvernements, et notamment les nominations au poste de

---

1. Pierre Noël, « Pétrole : le néopessimisme est infondé », *Le Figaro*, 13 octobre 2004.
2. Autour de 45 dollars le baril.
3. AIE, *World Energy Outlook 2004*, *op. cit.*, p. 122.

ministre de l'Économie, des Finances et de l'Industrie. Il est fait appel de façon croissante à des businessmen patentés pour prendre en charge ce ministère ou conseiller son occupant énarque. Réciproquement, les hauts politiciens retirés de la politique ou remerciés trouvent souvent de confortables replis dans quelque grande entreprise. Cet échangisme existe aussi au sein de la technocratie d'État (énarques, polytechniciens...), où il est banal de rejoindre le privé après des années de direction d'administration. Cette population est d'ailleurs remarquablement structurée, collectivement en groupes d'anciens élèves des grands corps, et individuellement en tant qu'esprits formés à l'organisation des personnes, des choses et des événements. Formés à l'organisation, mais pas à l'observation. À la décision, mais pas à la science. L'histoire du changement climatique le montre à l'envi.

Alors que depuis plus de trente ans les scientifiques et les écologistes tentent d'alerter les milieux économiques et politiques sur les risques liés à l'augmentation de la concentration de gaz à effet de serre, il a fallu attendre l'année 2005 pour que le modeste Protocole de Kyoto entre en vigueur – sans parler du temps qu'il faudra pour qu'il s'applique réellement – et que le gouvernement français rédige un indigent « plan climat ». Le problème et sa solution sont pourtant étonnamment simples à exposer : le gaz carbonique émis par la combustion des fossiles étant le principal contributeur au changement climatique, il est indispensable de réduire celle-ci. Ce qui n'est pas fait. Car la science, la réalité chimique de l'atmosphère se heurtent frontalement aux croyances productivistes de nos dirigeants économiques et politiques, qui y opposent un déni tenace. Elles se heurtent aussi aux habitudes les plus banales de milliards d'individus dont la vie quotidienne repose sur des produits carbonés, depuis le carburant pour la voiture jusqu'aux médicaments et aux vêtements synthétiques. Nos gouvernants n'ayant pas agi à temps, nous connaîtrons des épisodes géophysiques extrêmes[1] de plus en plus meurtriers[2]. Ce sont nos propres enfants que notre mode de vie matériel met en danger de mort, et non pas ces abstraites « générations futures » sans cesse évoquées par nos dirigeants, notion impersonnelle et floue qui leur permet de repousser toujours à plus tard les décisions politiques radicales qui devraient être prises.

---

1. Ce sont les extrêmes qui tuent, non les moyennes. Bannissons les formulations du genre : « L'augmentation de la température moyenne de la Terre dans un siècle sera de deux à cinq degrés. »
2. Les 15 000 morts supplémentaires dus à la canicule de l'été 2003, en France, ne sont que le signal faible du commencement d'un énorme phénomène planétaire.

CHAPITRE 5

Existe-t-il des alternatives au pétrole ?

Résumons nos thèses. Le pétrole va devenir de plus en plus cher, en raison d'un excès structurel de la demande sur l'offre, et de plus en plus rare, en raison du passage imminent du pic de Hubbert, mais nous ne sommes pas encore capables de nous en passer (hypothèse de l'addiction). De sorte que les pays puissants et riches seront amenés à étendre la guerre en Asie centrale et au Moyen-Orient pour contrôler les régions dont le sous-sol est encore largement fourni en brut à bas coût d'extraction.

Les qualités principales du pétrole sont sa liquidité et son important contenu énergétique sous un faible volume. Face à sa déplétion se pose la question essentielle de savoir s'il existe d'autres fluides que nous pourrions trouver ou fabriquer en substitution au pétrole, c'est-à-dire pourvus des mêmes qualités et susceptibles d'être utilisés et distribués sans grand changement dans les mêmes applications. Réponse : il y en a apparemment plusieurs, mais leur emploi massif exigerait beaucoup de temps et beaucoup d'argent, sans que nous y retrouvions toutes les qualités du pétrole.

LES HUILES EXTRALOURDES ET L'ÉNERGIE NETTE

Sous le terme « pétrole » se cachent d'innombrables variétés chimiques d'hydrocarbures liquides, aussi différentes que le sont les variétés de vins dans le monde. L'une d'elles comprend les huiles visqueuses que l'on nomme « huiles extralourdes », « bitumes » et « sables asphaltiques ». D'énormes réservoirs de tels hydrocarbures existent notamment au Venezuela (huiles extralourdes) et au Canada (sables asphaltiques). Les observateurs et acteurs habituels du monde pétrolier prétendent que le volume total de ces huiles est supérieur à 3 000 milliards de barils mais que nous ne pourrions en extraire qu'environ 500 milliards à un coût raisonnable, vu les difficultés extrêmes des opérations. Les sables asphaltiques canadiens, déjà exploités depuis des décennies à raison de 1 million de barils par jour en 2005, fournissent majoritairement un brut synthétique apte à être raffiné pour délivrer des produits pétroliers de bonne qualité à destination du secteur des transports. Le reste procure un bitume de basse qualité, utilisable en production d'énergie ou en pétrochimie. Mais ces opérations ont des coûts énergétiques, écologiques et financiers beaucoup plus importants que l'extraction du pétrole conventionnel. Il faut en effet consommer presque 10 barils d'eau pour récupérer 1 baril de bitume utile, ce qui représente une énorme perte, ainsi que de grandes quantités de diluant et de gaz naturel. Il faut traiter la pollution des oxydes de soufre et d'azote émis au cours des opérations, aménager des décharges pour stocker les saumures, le soufre et le sable résiduels, procéder au lavage de l'eau afin de la réutiliser, et respecter le Protocole de Kyoto en plafonnant les émissions de CO_2 par baril produit. Ces sables asphaltiques sont incontestablement « la source de pétrole la plus dégueulasse du monde [1] », selon les écologistes canadiens. Il faut enfin que des investisseurs pariant sur la rentabilité de cette source d'énergie et espérant produire environ 5 millions de barils par jour en 2030 apportent de l'argent. L'extraction des huiles extralourdes du bassin de l'Orénoque, au centre du Venezuela, est grevée par des problèmes analogues. Tout cela en vaut-il la peine et la pollution ?

Pour qu'une forme de pétrole soit utilisable à un moment donné et en un point donné – par exemple à la station-service du quartier pour faire le plein de SP95 avant de partir en week-end –, il faut dépenser de l'énergie en amont afin de rechercher et d'extraire le pétrole brut initial, puis de le transporter, de le raffiner et de le distribuer jusqu'à son point d'utilisation. Il est naturel d'estimer le rapport entre la quantité d'énergie récupérée et celle investie pour y parvenir. Si ce rapport devait être inférieur à 1, signifiant qu'il faut dépenser plus d'énergie en amont que celle finalement disponible en aval pour un usage en un lieu donné, mieux vaudrait renoncer à cette filière énergétique. On nomme « énergie nette » le résultat de cette analyse du cycle de vie de l'énergie, qui n'est pas seulement lié au type d'énergie mais aussi à l'efficacité des technologies mises en œuvre pour transporter une énergie primaire et la transformer en une énergie disponible située en un autre lieu.

Avant l'invention de la machine à vapeur, qui a considérablement démultiplié la puissance mécanique disponible pour effectuer un travail, aucune énergie primaire autre qu'humaine ou animale n'était utilisée pour extraire encore plus d'énergie. Les bateaux à voiles (énergie éolienne) étaient employés pour transporter le bois des arbres, non pour les

---

1. Gordon Jaremko, « Green forces rally to divert oil sands' use of Arctic gas. Gas use by 2015 could surpass Mackenzie capacity », *The Edmonton Journal*, 15 avril 2004.

abattre. Les machines à vapeur qui ont servi à extraire plus efficacement le charbon étaient elles-mêmes chauffées au charbon. Dans le calcul de l'énergie nette du charbon livré à Londres pour chauffer les maisons, il faut donc inclure la perte de charbon brûlé pour actionner les machines dans les bassins miniers. Cette perte est grossièrement proportionnelle à la profondeur de la mine. Ce type de technologie utilisait aussi des rouages métal sur métal qu'il fallait lubrifier. L'huile de baleine convenait à cet usage, comme à celui de l'éclairage, jusqu'à ce que les baleines se raréfient (ce qui est un autre exemple de déplétion !) en raison d'une chasse excessive. Alors vint le pétrole, qui sauva les dernières baleines de l'extinction, et surtout permit la lubrification permanente et intense des machines métalliques minières et industrielles, ainsi que l'éclairage (pétrole « lampant »). Enfin, le pétrole devint aussi le carburant des moteurs de toutes sortes, notamment des différentes machineries destinées précisément à l'extraire, à le transporter, à le raffiner et à le distribuer. Il faut donc déduire de l'usage énergétique des produits pétroliers la quantité de pétrole et autres énergies nécessaires à la disponibilité de ce pétrole final à un moment donné, en un lieu donné. L'énergie nette ainsi calculée dépend donc aussi de l'histoire et de la géographie.

Pour que l'usage du pétrole ne se fasse pas à perte, l'énergie dépensée pour l'obtenir doit être inférieure à celle qu'il contient, c'est-à-dire que son énergie nette doit être supérieure à 1. La même loi peut être appliquée à toutes les énergies. Il y a une vingtaine d'années, quatre scientifiques ont publié l'étude la plus complète à ce jour sur les bilans énergétiques moyens – les énergies nettes – de toutes les filières énergétiques (voir figure 1, p. 127)[1]. À noter que

---

1. Cutler J. Cleveland, Robert Costanza, Charles A.S. Hall, Robert Kaufmann, « Energy and the US economy : a biophysical perspective », *Science*, New Series, vol. 225, n° 4665, 31 août 1984, pp. 890-897.

ces nombres peuvent évoluer avec le temps, sous les effets contraires des améliorations de l'efficacité énergétique ou de la déplétion de la ressource primaire (pour les filières non renouvelables).

Non renouvelables

Pétrole et gaz (au pied du puits)
    Vers 1940 : découvertes > 100,0
    Vers 1970 : production 23,0 ; découvertes 8,0
Charbon (au pied de la mine)
    Vers 1950 : 80,0
    Vers 1970 : 30,0
Charbon liquéfié : de 0,5 à 8,2
Gaz naturel : de 1,0 à 5,0

Renouvelables

Éthanol (à partir de canne à sucre) : de 0,8 à 1,7
Éthanol (à partir de maïs) : 1,3
Éthanol (à partir de résidus de maïs) : de 0,7 à 1,8
Méthanol (à partir de bois) : 2,6
Chaleur d'ambiance solaire (en complément de chaudières)
    Capteur plat : 1,9
    Capteur à concentration : 1,6

Production d'électricité

Charbon américain moyen : 9,0 (27,0)
Charbon occidental de surface
    Sans épurateurs : 6,0 (18,0)
    Avec épurateurs : 2,5 (7,5)
Hydroélectricité : 11,2 (33,6)
Nucléaire (réacteur à eau légère) : 4,0 (12,0)
Solaire
    Photovoltaïque : de 1,7 (5,1) à 10,0 (30,0)
Géothermie
    Liquide 4,0 (12,0)
    Roche sèche : de 1,9 (5,7) à 13,0 (39,0)

Figure 1. Énergie nette des filières
(rapport entre l'énergie finale disponible et l'énergie investie
pour la rendre disponible).

Les résultats inférieurs à 1,0 indiquent pour la filière considérée une perte nette d'énergie. Ainsi, certains charbons liquéfiés, avec une énergie nette de 0,5, délivrent deux fois moins d'énergie que celle qu'ils exigent pour être produits. Au contraire, les pétroles et gaz des années 40 contenaient cent fois plus d'énergie en pied de puits que celle qu'il avait fallu pour les y amener. Pour la production d'électricité, les nombres entre parenthèses tiennent compte d'un facteur de qualité basé sur un taux de chaleur de 2 646 kcal/kWh.

Ce tableau n'indique pas l'énergie nette des sables asphaltiques. Néanmoins, une autre étude signale que la quantité de bitume qui en est extraite est de l'ordre de 0,6 baril par tonne de matériau, comparable au rendement des schistes bitumineux de bonne qualité mais inférieure aux 2,6 barils par tonne obtenus par le procédé Fisher-Tropsch de liquéfaction du charbon[1]. Il n'est pas indu de conclure que les sables asphaltiques ou les huiles extralourdes présentent, pour l'instant, une énergie nette très inférieure à celle des pétroles conventionnels. S'y ajoutent, en l'état actuel des techniques de production, des coûts financiers et environnementaux dissuadant tout développement massif à moyen terme.

LE GAZ NATUREL ET SON PIC DE HUBBERT

Il y a encore quelques années, le gaz naturel était considéré comme l'énergie fossile d'avenir, celle qui remplace-

1. Robert L. Hirsch, Roger Bezdek, Robert Wendling, *Peaking of World Oil Production : Impacts, Mitigation, & Risk Management*, National Energy Technology Laboratory, Department of Energy, États-Unis, février 2005, p. 42.

rait un pétrole défaillant. L'expérience sensuelle que nous en avons se résume souvent aux petites flammes bleues des gazinières, si souplement modulables pour la préparation des repas, image chaude et rassurante que Gaz de France diffuse dans ses publicités. Il est même des écologistes pour soutenir que, parmi les fossiles, le gaz est le moindre mal puisque sa molécule contient moins d'atomes de carbone que le pétrole et que sa combustion assez complète dégage donc moins de polluants. Voitures au gaz naturel véhicule (GNV), turbines à gaz à cycle combiné pour produire l'électricité, hauts rendements des chaudières à gaz, gazinières domestiques... Avenir ? Solution presque idéale ?

Hélas, cet enthousiasme doit lui aussi être tempéré par l'examen de la situation du gaz naturel sur notre planète, analogue, à quelques nuances près, à celle du pétrole. Comme ce dernier, le gaz naturel, qui l'accompagne souvent dans les réservoirs souterrains, est menacé d'un triple choc : déplétion prochaine, pénurie relative due à une demande excédant l'offre, guerre pour son appropriation. Il serait lassant de reproduire pour le gaz naturel les longues démonstrations quantitatives que nous avons déjà exposées pour le pétrole. Limitons-nous à souligner la singularité du gaz par rapport au pétrole, ce qui permet de mieux appréhender la spécificité de sa situation mondiale : le gaz est gazeux − lapalissade, certes, mais différence primaire qui modifie fondamentalement son transport et sa manipulation. Le volume qu'il occupe en phase gazeuse est cinq cents à mille fois plus important qu'en phase liquide [1]. Mais l'avan-

---

1. Le lecteur curieux d'informations complémentaires sur le gaz naturel pourra consulter : Julian Darley, *High Noon for Natural Gas. The New Energy Crisis*, Chelsea Green Publishing Company, White River Junction, Vermont, États-Unis, 2004 ; Jean-Marie Chevalier, *Les Grandes Batailles de l'énergie, op. cit.*, pp. 255-301 ; Jean Laherrère, « Future of natural gas supply », Troisième Conférence de l'ASPO, Berlin, 25 mai 2004.

tage de l'état gazeux est qu'il présente un taux de récupération environ double de celui du pétrole, car ses molécules sont petites et circulent plus facilement à travers les pores de la roche-réservoir lorsqu'un forage les aspire vers le haut.

Tout autant que pour le pétrole, les estimations des réserves de gaz naturel sont sujettes à dissimulation, incertitude et mensonge ou déni politique. Même les données techniques confidentielles, en provenance des compagnies exploratrices ou vendues à prix d'or par les entreprises statisticiennes les plus fiables – IHS et Wood Mackenzie –, présentent des chiffres assez divergents. Cependant, nous pouvons prudemment estimer que, au cours des vingt dernières années du siècle passé, le volume des découvertes a contrebalancé à peu près le volume de la production mondiale, tandis qu'un déficit des découvertes apparaît depuis le début du XXIᵉ siècle. Le pic de Hubbert de la production mondiale de gaz naturel pourrait advenir vers 2020. Un peu plus tard si une crise économique mondiale ou des prix très hauts réduisent la demande, un peu plus tôt si l'anticipation de la déplétion pétrolière proche a pour conséquence une ruée sur le gaz naturel dans des applications où l'un peut facilement remplacer l'autre, par exemple le chauffage domestique. Mais, à la différence du marché du pétrole qui est entièrement mondialisé, celui du gaz ne l'est que partiellement, et s'analyse plutôt par continent.

La production de l'Amérique du Nord est aujourd'hui inférieure à sa consommation, ce qui devrait contraindre les États-Unis à importer de plus en plus de gaz naturel liquéfié, transporté à grands frais par des méthaniers transatlantiques. L'Amérique du Nord a déjà dépassé son pic de Hubbert de production gazière. La consommation des États membres de l'Union européenne repose sur des livraisons en provenance de Russie, de Norvège, des Pays-Bas et d'Algérie. La production strictement européenne est aujourd'hui plate – plateau de Hubbert – alors que celle de la Russie devrait passer son pic avant 2012 et celle de l'Algérie au-delà de 2030. Cela pourrait rassurer les Français compte tenu des « liens historiques entre la France et l'Algérie », malgré la configuration politique instable de ce pays. Pourvu que les contrats gaziers tiennent, nous sommes prêts à fermer les yeux sur d'autres aspects de la situation algérienne, ce qui rappelle les propos éloquents de Pierre Mauroy, Premier ministre de la France en 1981, concernant les contrats gaziers négociés alors avec la Russie, qui venait d'intervenir brutalement en Pologne : « Nous ne devons pas ajouter à la misère des Polonais privés de liberté celle des Français privés de gaz. » Paradoxalement, des pénuries locales de gaz naturel pourraient advenir avant la pénurie mondiale de pétrole, par exemple aux États-Unis et en Nouvelle-Zélande. Mais, quoi qu'il en soit, et comme pour le pétrole, nous sommes entrés dans l'ère de prix élevés pour le gaz naturel.

L'EFFICACITÉ ÉNERGÉTIQUE ET L'EFFET REBOND

Plutôt que de chercher d'autres fluides hydrocarbonés proches du pétrole, ne vaudrait-il pas mieux tenter d'économiser ces hydrocarbures par une recherche d'efficacité énergétique dans tous les domaines, c'est-à-dire en améliorant les rendements de tous les convertisseurs d'énergie ? En 1999, le Commissariat général au Plan avait estimé que l'on pouvait économiser presque la moitié de l'énergie consommée en France en utilisant les procédés et les technologies les plus performants de l'époque dans tous les secteurs [1]. Dans les

---

1. Commissariat général au Plan, *Les Défis du long terme*, La Documentation française, Paris, 1999.

transports, par exemple, certains constructeurs proposent des motorisations hybrides, mi-électrique, mi-thermique, permettant d'épargner de 40 à 80 % de carburants selon l'utilisation des véhicules. À supposer que ces annonces soient exactes, il faudrait au minimum dix ans pour que de tels véhicules hybrides pénètrent le marché et y composent au mieux 10 % des véhicules neufs, compte tenu des investissements à réaliser par les constructeurs et du surcoût à l'achat dû à la double motorisation. C'est trop peu, et trop long. En outre, l'automobile n'est pas qu'un outil de déplacement. Elle cristallise un imaginaire de puissance, d'autonomie et de sécurité, elle devient porteuse de l'image d'un autre chez-soi, et un moyen d'exhibition d'une position sociale. L'échec de la voiture électrique vient tout autant de l'image dévalorisante d'un petit engin qui ne rugit pas que de considérations sur son prix ou sa faible autonomie de charge.

Bien que le problème du changement climatique soit plus présent dans l'actualité qu'il y a dix ans, les comportements des consommateurs vis-à-vis de l'automobile ne se sont pas améliorés. Au contraire. S'il est indéniable que certains progrès technologiques ont permis d'abaisser la consommation de carburant des véhicules, cette évolution a paradoxalement eu pour conséquence d'accroître l'usage de l'automobile et, globalement, la demande de pétrole. C'est l'effet rebond, c'est-à-dire « l'augmentation de consommation liée à la réduction des limites à l'utilisation d'une technologie, ces limites pouvant être monétaires, temporelles, sociales, physiques, liées à l'effort, au danger, à l'organisation [1]... ». Le TGV va plus vite, on se déplace donc plus loin et plus

---

1. François Schneider, Fritz Hinterberger, Roman Mesicek, Fred Luks, « ECO-INFOSOCIETY : strategies for an ecological information society », *in* M.L. Hilty et P.W. Gilgen (éd.), *Sustainability in the Information Society*, Metropolis-Verlag, Marbourg, 2002, 2ᵉ partie, pp. 831-839.

souvent. La maison est mieux isolée, on épargne de l'argent, on achète une seconde voiture. Les ampoules fluocompactes dépensent moins d'électricité, on les laisse allumées. L'Internet dématérialise l'accès à l'information, on imprime plus de papier. Il y a plus d'autoroutes, le trafic augmente... Les technologies efficaces incitent à l'augmentation de la consommation, le gain est surcompensé par un accroissement des quantités consommées.

Dans toute société, la reconnaissance sociale est fonction de l'image que les autres ont de soi, issue d'un modèle partagé par tous. Ce sont les modèles dominants à une époque et dans une région données qui vont orienter les comportements de valorisation de soi. Dans une société de consommation, le modèle dominant privilégie l'ostentation de la dépense consumériste. Être, c'est avoir plus, avoir mieux, avoir souvent. L'efficacité technologique, rationnellement recherchée pour minimiser les dépenses de matières ou d'énergie, aboutit alors à un résultat contraire. Elle devient contre-productive, faute de prendre en compte le contexte spéculaire de cette société où la prodigalité exhibitionniste est l'un des modes de l'insertion sociale. Ceci n'est pas lié au pouvoir d'achat de chacun. Que l'on soit riche ou pauvre, le désir consumériste est égal, mais il se cristallise sur les types de consommation convenus dans le milieu que l'on fréquente, ainsi que sur les rêves de bonheur matériel propagés par les médias, rêves toujours inaccessibles, toujours envoûtants. On ne désire pas la dernière Citroën C3 à rétroviseurs chauffants parce qu'elle satisferait objectivement nos besoins rationnels, mais parce que notre entourage ne la possède pas encore, et qu'on sera félicité et envié de l'avoir acquise. Les chômeurs et les exclus économiques qui ne peuvent consommer souffrent autant d'un déficit de reconnaissance sociale que du manque d'argent. Ne pas pouvoir « rester propres », selon leurs mots, c'est souffrir de l'incapacité à porter les attributs élémentaires de l'identité sociale perçue dans le regard des autres.

Si la notion d'efficacité énergétique, évidemment souhaitable, s'applique aisément à une machine, l'effet rebond rend donc sa généralisation à un système social beaucoup plus problématique. Les multiples interactions qui parcourent ce système, les impacts sur l'environnement engendrés par son fonctionnement, conduisent à vider de tout sens la notion d'efficacité à cette échelle. Il ne suffit pas de déclarer que la recherche de l'efficacité doit être l'occasion « d'une innovation pour la décroissance, où notre intelligence sert à produire mieux et moins, plutôt que mieux et toujours plus [1] ». Il n'est pas non plus utile d'espérer que des politiques publiques européennes, par exemple, seront mises en œuvre pour diminuer rapidement les consommations et les échanges de biens et d'énergie. Le désir consumériste est encore trop intégré dans nos comportements sociaux. La religion de la « croissance » comme panacée universelle est encore trop présente dans les modèles du monde économique, modèles partagés par la quasi-totalité des acteurs politiques, économiques et syndicaux de ce continent. Hélas, le compte à rebours du triple choc pétrolier ne nous laisse plus assez de temps pour modifier progressivement ces modèles du monde par la propagation, forcément lente, des idées et des pratiques de la décroissance énergétique. Ce sera donc dans l'urgence que la transition énergétique nécessaire et obligée s'effectuera, dans des conditions politiques et sociales incertaines.

---

1. François Schneider, « L'effet rebond », *L'Écologiste*, n° 11, octobre 2003, p. 45.

LE NUCLÉAIRE ET LA « SUBSTITUABILITÉ »

Bien que je sois profondément antinucléaire et que je ne cesse d'argumenter contre l'utilisation de cette forme d'énergie depuis plus de trente ans, je n'entreprendrai pas ici la critique du nucléaire en tant que tel, non plus que celle de l'hydrogène, illusoire vecteur de la fable de l'abondance énergétique sans addition à régler[1]. Examinons plutôt une croyance assez répandue, que nous pouvons résumer par le mot « substituabilité ». Croyance selon laquelle, lorsqu'une forme d'énergie n'est plus disponible, l'ingéniosité humaine et la prodigalité de la nature permettent d'en trouver une autre qui se substitue graduellement à elle. N'en fut-il pas ainsi pour le bois, que nos ancêtres européens surexploitèrent jusqu'au XVIIIᵉ siècle, époque à laquelle la découverte du charbon tomba à pic pour prendre le relais et inaugurer la révolution industrielle ? De même, à partir de la fin du XIXᵉ siècle et jusqu'à aujourd'hui, le pétrole n'a-t-il pas partiellement remplacé le charbon et élargi encore le champ d'application des énergies fossiles ? Et à présent que nous savons que ces énergies fossiles génèrent des gaz à effet de serre et que la déplétion des mines et des puits va nous conduire un jour ou l'autre à l'épuisement, l'humanité, comme elle l'a toujours fait, trouvera bien quelque nouvelle forme d'énergie à substituer aux fossiles polluants et raréfiés. Le nucléaire, par exemple. J'ai entendu une ministre déléguée à l'Industrie prononcer cette phrase inepte : « La France devra choisir entre le nucléaire et l'effet de serre[2]. » Ce raisonnement purement rhétorique, mille fois ressassé,

---

1. Ces critiques ont été développées dans un ouvrage précédent : Yves Cochet, Agnès Sinaï, *Sauver la Terre*, Fayard, Paris, 2003, chapitre 8, pp. 213-249.
2. Nicole Fontaine, débat national sur les énergies, Cité des sciences et de l'industrie, Paris, samedi 24 mai 2003.

ne s'appuie sur aucune donnée scientifique concernant la nature et les applications spécifiques possibles des énergies en question, pas plus que sur des données quantitatives, locales ou planétaires, susceptibles de fonder sa plausibilité. Il suffit, pour comprendre à quel point la croyance en la substitution est fallacieuse et puérile, de la tester sur deux applications décisives. Comment remplacer le pétrole dans les transports ? Les qualités caractéristiques du pétrole sont sa portabilité, sa densité énergétique, sa sûreté, la facilité de sa manipulation. La portabilité est la plus cruciale de toutes : hors le train électrique, un moyen de transport – automobile, bus, camion, avion, bateau – doit emporter avec lui assez d'énergie pour pouvoir être mû souplement et longtemps. Il est peu vraisemblable d'espérer autant de portabilité avec le charbon ou l'uranium, avec l'éolien ou le solaire photovoltaïque. Dans les automobiles et les avions notamment, le volume ou le poids de l'énergie doivent être inférieurs à certaines limites pratiques. Seul le pétrole peut, pour l'instant, satisfaire à cette contrainte grâce à sa densité énergétique spécifique (rapport entre la quantité d'énergie et son volume ou son poids) [1]. De surcroît, le pétrole, liquide à la température ambiante, est facile à manipuler sans risque. Certes, les biocarburants, l'hydrogène et le gaz naturel, possèdent plus ou moins certaines de ces qualités, mais à un degré très inférieur. En outre, il est bien tard pour songer à une substitution du pétrole par un autre fluide énergétique pour les transports. La course entre le déclin de la production mondiale de pétrole et son remplacement par une autre source peu chère et tout aussi commode est déjà perdue tant il faudrait d'investissements financiers et techniques, de changements économiques et sociaux pour opérer

---

1. Tom Mast, « Oil replacement becoming a crisis », *Pasadena Star News*, 13 mars 2005.

une transition rapide mais douce dans les années qui viennent. Dans le secteur des transports, le pétrole est donc irremplaçable pour longtemps encore. Bientôt, il coûtera beaucoup plus cher. Bientôt, le transport mondialisé se contractera.

Autre application : supposons que, pour des raisons économiques (cherté croissante du pétrole) ou écologiques (décroissance des émissions de gaz à effet de serre), nous souhaitions remplacer par l'électricité la moitié du pétrole actuellement consommé dans le monde, soit un peu plus de 40 millions de barils par jour. Supposons que les nucléocrates et les écologistes parviennent à un compromis : la moitié pour l'électricité nucléaire, l'autre moitié pour les éoliennes, soit l'équivalent de 20 millions de barils par jour pour chacune de ces sources. Combien faudrait-il construire de réacteurs nucléaires et d'éoliennes ? Et quel serait le montant des investissements ? Prenons le taux arrondi de conversion de 1 baril = 1 600 kWh, qui est le taux brut à la sortie du réacteur nucléaire ou au pied de l'éolienne, et non celui de l'énergie utile finale (sans donc tenir compte des rendements de conversion qui donneraient plutôt 300 kWh d'énergie mécanique pour faire avancer un véhicule). Examinons néanmoins ces hypothèses très favorables à l'électricité. À raison de 20 millions de barils par jour pendant 365 jours, soit une année, nous devons produire l'équivalent électrique de 7,3 milliards de barils annuels, soit 11 680 milliards de kWh. Si nous disposions de réacteurs nucléaires fonctionnant à pleine puissance 7 000 heures par an, il nous faudrait une puissance nucléaire électrique installée de $11\ 680 \times 10^{12} / 7\ 000 = 1\ 670 \times 10^3$ MWe[1]. Aujour-

---

1. Mégawatt électrique. En fait, la puissance énergétique d'un réacteur nucléaire est trois fois sa puissance électrique. Autrement dit, son rendement est de 33 %. Ou encore, les deux tiers de l'énergie fournie

d'hui, 440 réacteurs nucléaires commerciaux fonctionnent dans le monde pour une puissance installée totale de 364×10^3 MWe. Pour remplacer un quart de la production mondiale de pétrole par des réacteurs nucléaires de la puissance moyenne actuelle, il faudrait donc construire plus de 2 000 de ces réacteurs. À raison de 1,5 milliard d'euros l'unité, nous devrions alors investir plus de 3 000 milliards d'euros, soit plus de dix fois le budget annuel de la France. Le remplacement d'un autre quart de la production mondiale de pétrole par des éoliennes conduirait à un investissement plus lourd encore, de l'ordre de 4 000 milliards d'euros, dans les mêmes conditions favorables que pour le nucléaire. Et si nous tenions compte du rendement réel moyen de ces systèmes de convertisseurs, il faudrait au moins doubler ces chiffres. Telle est la réalité qui s'oppose au mythe de la « substitution [1] », seulement nourri de rêve.

LES ÉNERGIES RENOUVELABLES ET LA PUISSANCE

Je n'examinerai pas exhaustivement l'ensemble des filières issues des sources d'énergie renouvelables, à propos desquelles une documentation fournie est depuis longtemps disponible pour le lecteur qui souhaiterait s'initier ou approfondir la question. Il s'agit plutôt de sélectionner quelques critères qualitatifs et quantitatifs en vue d'une comparaison, voire d'une substitution, entre le pétrole et les renouvelables.

Le premier de ces critères est la densité énergétique, ou densité de puissance, dont la notion, voisine de celle d'éner-

---

par le réacteur nucléaire sont dispersés dans l'environnement sous forme de chaleur.

1. Douglas B. Reynolds, « Entropy and diminishing elasticity of substitution », *Resources Policy*, mars 1999, vol. 25, n° 1, pp. 51-58.

gie nette, a été examinée plus haut. Un baril de pétrole contient l'équivalent énergétique de 25 000 heures de travail humain, et plus exactement de 10 000 heures, compte tenu du rendement des meilleurs engins convertisseurs de carburant en travail mécanique. Le coût de production de notre travail mécanique est de 50 dollars le baril, soit 200 dollars au vu de la fiscalité sur les essences en Europe. Si l'on emploie plutôt des êtres humains pour effectuer le même travail, rémunérés au coût horaire européen moyen de 20 dollars de l'heure, il en coûtera 200 000 dollars, donc mille fois plus que par le système pétrole + engin. Le pétrole est non seulement très énergétique sous un faible volume, mais aussi très économique lorsque, associé à une machine, il produit du travail.

Une autre façon d'appréhender la densité de puissance de certaines filières renouvelables est de la mesurer en watts fournis par mètre carré de surface (ou en kilowatts par hectare, kW/ha). Ainsi peut-on se figurer la culture énergétique de maïs comme une sorte de centrale agricole d'environ 2 kW/ha de puissance brute et 0,5 kW/ha de puissance nette, ce qui est si misérablement bas qu'il vaut mieux renoncer à produire des biocarburants ainsi.

Moins de trois siècles en arrière, toute l'énergie primaire utilisée par l'humanité était renouvelable. Aujourd'hui, nous utilisons 80 % d'énergie primaire fossile, 6 % de nucléaire et 14 % de renouvelable, surtout l'hydroélectricité et le bois (moins de 1 % pour les autres filières renouvelables). L'Agence internationale de l'énergie prévoit même une baisse du pourcentage des renouvelables dans le bouquet énergétique mondial pour 2020[1]. Autrement dit, l'histoire réelle de la composition de la consommation énergétique dans le monde depuis 1700 est, hélas, celle du déclin des

---

1. AIE, *World Energy Outlook 2004*, *op. cit.*, p. 59.

renouvelables. Les raisons de cette baisse sont bien sûr la progression de la demande énergétique mondiale, mais surtout la faible production réelle des renouvelables. Leur capacité crête, c'est-à-dire par exemple la puissance maximale d'une installation de panneaux photovoltaïques ou d'une ferme éolienne, ne peut être étendue sur une année. Car là où une centrale électrique alimentée par des fossiles peut fonctionner en continu presque 365 jours par an avec une disponibilité de 95 %, les panneaux photovoltaïques ont une disponibilité de l'ordre de 15 % et les éoliennes de 25 %, simplement parce que les premiers ne fonctionnent pas la nuit ou par temps couvert, et les secondes lorsque le vent est insuffisant. Une centrale nucléaire atteint une disponibilité de 80 à 90 %. Enfin, si les filières renouvelables peuvent fournir de l'électricité et de la chaleur, elles produisent peu de fluides liquides qui seraient de vrais substituts au pétrole. De ce point de vue, les inconvénients des filières renouvelables sont leur dispersion dans l'espace et dans le temps : elles exigent de grandes surfaces et sont intermittentes, ce qui est peu favorable à l'obtention de fortes puissances permanentes. Elles sont adaptées aux sociétés décentralisées, sans grande concentration humaine. Mais cette dispersion est aussi un avantage : chaque région du monde possède un potentiel naturel pour développer une ou plusieurs filières d'énergie renouvelable. Le choix d'une filière énergétique – fossile, nucléaire, renouvelable – est d'abord un choix d'aménagement du territoire, un choix politique.

Les économistes prétendent que si le prix augmente, les réserves de pétrole augmentent. Ce faisant, ils confondent l'extraction pétrolière avec l'extraction minière, où les réserves dépendent de la concentration minimum économique. Ainsi, quand le prix de l'or a doublé, on a relancé l'exploitation des minerais peu concentrés des exploitations anciennes. Le pétrole, lui, est liquide et il vient à la surface en ne laissant que le pétrole non déplaçable. Il ne peut être extrait à n'importe quel prix, et l'énergie dépensée pour l'obtenir doit être inférieure à l'énergie qu'il contient. Le bilan énergétique (énergie nette) doit être positif[1]. La seule alternative au pétrole en grande quantité semble donc être le pétrole synthétique à partir du gaz (Gas To Liquid, GTL) et surtout du charbon (Coal To Liquid, CTL). Faute de pétrole, c'est en fabriquant massivement du CTL à partir du charbon allemand que Hitler et les nazis ont pu alimenter leurs avions et leurs chars pendant la Seconde Guerre mondiale. Mais la production massive de CTL coûterait cher et émettrait beaucoup de gaz à effet de serre. Triste perspective pour le climat.

CHANGER, CELA PREND DU TEMPS

Qu'est-ce qui est éphémère et qu'est-ce qui est durable ? Les chocs pétroliers de 1973 et de 1979 furent éphémères, bien que suivis de conséquences économiques importantes, parce qu'ils étaient essentiellement politiques et que ne se posaient pas alors les questions de la déplétion pétrolière et de l'excès de la demande mondiale sur l'offre. Le triple choc d'aujourd'hui sera durable, ses effets se prolongeront pour toujours. Il s'agit d'évaluer s'il arrivera avant ou après que nous aurons eu le temps de changer nos modes de production et de consommation, en examinant à quel rythme de tels changements sont possibles, selon la dépendance hydrocarbonée de chaque secteur, en particulier celui des transports. Question typique de cette problématique : en combien de temps

---

1. Jean Laherrère, « Prévisions de production des combustibles fossiles et conséquences, sur l'économie et le climat », séminaire d'analyse économique du ministère de l'Équipement, des Transports, de l'Aménagement du territoire et de la Mer, 2 février 2005.

peut-on remplacer la moitié des engins pétrodépendants par d'autres plus économes, et à quels coûts ?

		1973	2003	Évolution
Résidentiel-tertiaire	États-Unis	2 233	1 248	−44 %
	France	652	311	−52 %
Industrie-sidérurgie	États-Unis	4 479	4 928	+10 %
	France	483	124	−74 %
Transports	États-Unis	9 054	13 079	+44 %
	France	516	984	+90 %

Figure 2. Évolution de la consommation de produits pétroliers aux États-Unis et en France, entre 1973 et 2003, dans les trois secteurs les plus consommateurs (en milliers de barils par jour) [1].

Dans la période 1973-1986, les prix élevés du pétrole ont incité les familles américaines et françaises à renouveler leur chaudière à fioul pour un modèle plus performant, voire à l'abandonner au profit d'un autre mode de chauffage domestique – gaz naturel aux États-Unis, chauffage électrique en France. De même, les industriels ont adopté des technologies moins intensives en pétrole, ou délocalisé les usines les plus gourmandes et polluantes hors de leur territoire national. Il n'en est pas de même dans le secteur des transports, qui repose presque entièrement sur les produits pétroliers. En 2003, il absorbait 66 % des produits pétroliers consommés aux États-Unis, 56 % en France.

Bien que de nombreux ministres français de l'Économie ou de l'Industrie ne cessent d'évoquer la moindre « dépen-

---

1. US Department of Energy, Energy Information Administration, 2005 ; ministère de l'Économie, des Finances et de l'Industrie, France, 2005.

dance » de notre pays à l'égard du pétrole par rapport à 1973, nous avons vu que ce type d'argument n'a aucun sens économique lorsqu'on considère le secteur des transports. Une petite rupture d'approvisionnement durable de 2 millions de barils par jour sur le marché mondial provoquerait, en quelques jours, une montée en flèche des cours et frapperait les économies jusqu'à la mort pour les plus faibles d'entre elles. En adoptant le langage des cornucopiens, la figure 2 montre que la France est aujourd'hui presque deux fois plus « dépendante » du pétrole dans les transports qu'elle ne l'était en 1973. En trente-cinq ans, la consommation mondiale de pétrole a augmenté de 30 %, trois fois moins que la « croissance » mondiale. Le monde est-il pour autant moins « dépendant » du pétrole qu'en 1970 ? Il l'est plus, car sans pétrole bon marché il n'y a pas de mondialisation, il n'y a pas de monde d'aujourd'hui. Le prix du pétrole étant appelé à monter sans fin, la mondialisation va se démondialiser. Le monde va changer. À quelle vitesse ? Telle est la question.

Une étude américaine révèle, par exemple, que la moitié des automobiles américaines achetées en 2000 seront encore sur les routes en 2017 (voir annexe 1, figure 11). À un taux de remplacement ordinaire, il coûtera plus de 1 300 milliards de dollars (de 2003) aux ménages américains pour remplacer la moitié de leurs 130 millions de berlines actuelles dans les quinze prochaines années. Remplacer la moitié des 80 millions de camions légers dont raffolent les Américains (fourgonnettes, 4 × 4, pick-up) leur coûtera 1 000 milliards de dollars (de 2003) dans les quatorze prochaines années, la moitié des poids lourds 1 500 milliards et la moitié des avions 250 milliards dans les vingt ans à venir. Mais ce remplacement des flottes ne se fera pas, empêché qu'il sera par les prix élevés des différents carburants. Mauvais jours en perspective pour General Motors et pour Boeing. Les Européens sont soi-disant moins « dépendants » du pétrole que les Américains puisque nos véhicules consomment deux fois moins que les leurs... Il est permis de rêver, pas d'être irresponsable.

Afin d'estimer plus globalement encore le temps et l'argent dont il faudrait disposer pour réduire les effets du triple choc pétrolier, trois scénarios ultraréalistes ont été élaborés dans un rapport commandé par le ministère américain de l'Énergie [1]. L'option commune à ces trois scénarios est une réduction physique massive de la consommation de pétrole par la mise en œuvre des technologies les plus énergétiquement efficaces et par la construction d'installations industrielles capables de fournir de grandes quantités de fluides liquides hydrocarbonés en remplacement du pétrole originel en déplétion. Cette option contraste donc avec les options politiques plus traditionnelles telles que les incitations fiscales ou les restrictions de vitesse des véhicules. Elle ne prend en compte que des technologies et des produits déjà commercialement disponibles, comme les moteurs basse consommation, les huiles extralourdes de l'Alberta et du Venezuela ou encore la liquéfaction du gaz et du charbon. Pour conférer à ces scénarios le maximum de réalisme, il est supposé, à tort, que les pétroles synthétiques pourront remplacer les différents produits pétroliers existants – essences, diesel, kérosène... – sans qu'il soit nécessaire de rien changer aux circuits de distribution ni aux engins. Les voitures, camions, avions, chaudières seraient les mêmes qu'aujourd'hui. Cette option massive devrait économiser et/ou produire des dizaines de millions de barils par jour dans le monde entier, à un coût équivalent à 50 dollars par baril (en dollars 2004) et, bien sûr, en appliquant les normes

---

1. Robert L. Hirsch, Roger Bezdek, Robert Wendling, *Peaking of World Oil Production*, op. cit., pp. 50-60.

environnementales les plus rigoureuses. Enfin, l'action et sa mise en œuvre seraient décidées du jour au lendemain, par une mobilisation d'urgence de tous les acteurs. Cet ensemble d'hypothèses place les scénarios dans les conditions les plus rapides de réalisation.

Les trois scénarios se distinguent par le moment de la décision de cet immense programme : le premier envisage que l'action démarre au moment du pic de Hubbert pétrolier, le deuxième dix ans avant le pic, le troisième vingt ans avant. Le rapport indique qu'après dix ans de mise en œuvre d'un tel programme l'impact quantitatif se situerait entre 15 et 20 Mb/j, dont 90 % en termes de substitution de fluides nouveaux et 10 % en termes d'efficacité énergétique. Cependant, cet impact n'aurait pas les mêmes effets selon les scénarios. Dans le premier, le monde souffrirait d'un déficit énergétique considérable pendant plusieurs décennies ; l'équilibre offre/demande se réaliserait à travers des pénuries massives aux conséquences économiques, sociales et politiques incalculables. Le deuxième scénario serait moins dramatique mais occasionnerait néanmoins des pénuries pendant une dizaine d'années. Seul le troisième scénario, avec un début du programme vingt ans avant le pic, permettrait une transition en douceur.

Le problème, notre problème, c'est que nous n'avons même plus cinq ans avant le pic de Hubbert mondial réel. Par ailleurs, le programme commun aux trois scénarios n'a pas aujourd'hui le plus petit début d'élaboration politique nationale ou onusienne. Les conséquences de cette inconséquence seront sévères.

CHAPITRE 6

Une nouvelle vision de l'économie [1]

Faut-il revenir à l'inspiration des physiocrates français du XVIIIᵉ siècle, pour lesquels l'énergie solaire et la photosynthèse, la terre et l'agriculture étaient les bases de toute richesse ? Oui. À l'inverse, la théorie économique néoclassique contemporaine masque sous une élégance mathématique son indifférence aux lois fondamentales de la biologie, de la chimie et de la physique, notamment celles de la thermodynamique. Bien que cette théorie soit hégémonique dans les enseignements scolaires et universitaires, il est stupéfiant de constater qu'elle ignore pratiquement les processus qui gouvernent la biosphère, les matières et l'énergie que nous extrayons du sous-sol, les déchets que nous rejetons dans les milieux, et l'environnement dans son ensemble. En outre, elle ne justifie pas ses propres fondements, qui sont présentés dogmatiquement sous forme axiomatique, à des fins idéologiques de promotion du libéralisme et de sélection sociale des plus aptes à manipuler les abstractions plutôt que dans le but de refléter une quelconque réalité.

---

1. Une version modifiée de ce chapitre a été publiée dans la revue *Cosmopolitiques*, Éditions Apogée, nᵒ 9, juin 2005.

LE MODÈLE ÉCONOMIQUE NÉOCLASSIQUE

La fable de l'économie telle que l'exposent la quasi-totalité des manuels de sciences économiques en fait un système circulaire d'échanges de valeur entre la sphère des entreprises et la sphère des ménages. D'un côté, les entreprises fabriquent des biens et des services achetés par les ménages pour leurs dépenses de consommation domestique, et par d'autres entreprises ou par l'État pour leur fonctionnement ou leur investissement. D'un autre côté, les ménages (ou d'autres entreprises ou l'État) vendent ou louent leur travail ou leur capital aux entreprises en échange de salaires ou de loyers. Les flux monétaires parcourent le cercle des échanges économiques dans un sens, tandis que les flux réels de biens et de services le parcourent dans l'autre sens. C'est un système conceptuellement clos, une sorte de machine intellectuelle réalisant le mouvement perpétuel à l'intérieur d'un grand parc aménagé pour le bonheur des humains. « Le capital incarne la volonté d'exclure le monde extérieur, de se retirer dans un intérieur absolu, assez grand pour que nous ne nous y sentions pas enfermés [1]. »

Sous réserve de quelques hypothèses permettant de traiter mathématiquement la question, la production P (d'une entreprise, d'une région, d'un continent...) est représentée par une fonction $P = f(K, T)$, dans laquelle K représente le capital et T le travail, c'est-à-dire les facteurs de production. Dans le système capitaliste, le but d'une entreprise est de maximiser ses profits en jouant sur la combinaison des facteurs de production. Quelle part de la rémunération de la production faut-il destiner au capital, et quelle part au travail ? Du côté des ménages (les « consommateurs »), l'enseignement basique de l'économie dans nos universités est

---

1. Peter Sloterdijk, interview, *Le Monde 2*, 12 mars 2005, p. 57.

celui de la concurrence walrassienne[1], qui postule des acteurs égoïstes, calculateurs et rationnels, des individus isolés, sans autre relation que les prix. Leur objectif est de maximiser leur satisfaction par la consommation de biens ou de services en tenant compte de leur budget. À partir de ces hypothèses, toute la quincaillerie conceptuelle du calcul différentiel peut se déployer en un ensemble impressionnant de propositions et de théorèmes, dont l'interprétation littéraire justifie les plus fines subtilités d'un prétendu monde réel réduit à la seule valeur monétaire. Dans ces élaborations, nulle trace de l'origine et de la destination biophysiques des énergies et des matières.

La domination mentale qu'exerce ce modèle économique produit des effets très réels sur les politiques publiques locales (entreprises, collectivités territoriales...) comme globales (G8, FMI, Banque mondiale...). Son aveuglement idéologique affecte tous les milieux et conduit notre planète à la catastrophe. L'économie néoclassique est un non-sens écologique.

L'IRRÉVERSIBLE

Cependant, depuis une quarantaine d'années, quelques économistes[2] précurseurs critiquent la déraison de ce modèle économique réduit aux échanges « travail contre salaires » et « produits contre argent ». L'économie repose, en réalité, sur un ensemble de flux physiques de matières et

---

1. Du nom de l'économiste français Léon Walras (1834-1910).
2. Voir, par exemple, Nicholas Georgescu-Roegen, *The Entropy Law and the Economic Process*, Cambridge (Mass.), Harvard University Press, 1971, et *La Décroissance*, Éditions Sang de la terre, Paris, 1995 ; René Passet, *L'Économique et le vivant*, Payot, Paris, 1979 ; ainsi que, depuis 1989, la revue *Ecological Economics*, Elsevier.

d'énergie qui ne suivent pas un chemin circulaire mais des voies linéaires et unidirectionnelles. En amont, les énergies naturelles – solaire et géophysique – entretiennent les grands cycles géo-bio-chimiques qui fournissent les biens du service public de la nature. Puis les activités humaines extractives convertissent les ressources naturelles en matières premières. Celles-ci sont alors manufacturées pour produire les biens et services intermédiaires et finaux distribués par le secteur commercial aux consommateurs. Finalement, les matériaux non recyclés et l'énergie dissipée retournent à l'environnement en tant que déchets. Le terme « retournent » pourrait laisser croire que ces déchets matériels et énergétiques peuvent être repris dans les grands cycles naturels de maintien de la biosphère terrestre. Il n'en est rien. Le passage des flux physiques à travers l'économie humaine – comme à travers tout organisme ou écosystème – a profondément modifié la qualité de ces matières et de ces énergies.

Pour nous en tenir à l'énergie, son utilisation est inexorablement régie par les deux principales lois de la thermodynamique, selon lesquelles rien ne se passe dans le monde sans conversion et sans dégradation d'énergie. Autrement dit, tout processus – peu importe qu'il soit industriel ou biologique – nécessite un apport d'énergie d'une certaine qualité et rejette fatalement cette énergie de moindre qualité. Ce processus de conversion et de dégradation est irréversible, en opposition avec la pensée de la mécanique classique qui suppose que tous les processus sont en principe réversibles, de même que la pensée économique dominante et son système circulaire d'échanges.

La première loi de la thermodynamique s'énonce comme telle : dans tout processus physique, l'énergie est conservée. Il n'y a jamais création ou destruction d'énergie, seulement une transformation. C'est la loi de la « conservation de l'énergie », découverte par Rudolf Clausius et Lord Kelvin vers 1850 [1]. Nous adopterons l'idée que le concept d'énergie est intuitif et correspond simplement à la capacité de produire du travail mécanique ou de la chaleur. L'énergie demeure donc, « contrairement aux forces, humaines et éphémères, qui dansent sur la musique du temps et changent au gré des phénomènes transitoires du monde [2] ».

La deuxième loi de la thermodynamique, découverte par Sadi Carnot en 1824, pose qu'un processus naturel s'accompagne nécessairement d'une augmentation de l'« entropie » de l'univers. Si nous admettons l'idée que l'entropie d'un système isolé – qu'il s'agisse de l'univers entier ou d'un système n'ayant aucun échange avec son environnement – est une mesure de sa dégradation, de son désordre, de sa désorganisation, alors la seconde loi stipule que l'entropie augmente irréversiblement au sein de ce système.

L'énergie, comme la matière, ne peut être créée ou détruite. Bien que le langage économique nous incite à écrire le contraire, il n'y a pas de « production » ou de « consommation » d'énergie, ni de « sources » ou de « puits » énergétiques (première loi). L'énergie ne peut qu'être transformée, transférée, convertie, et cette transformation altère fatalement sa qualité (deuxième loi). Bien sûr, localement, la qualité de l'énergie peut être améliorée, mais cela ne peut advenir qu'au prix d'une dégradation plus grande encore ailleurs. Si bien que, globalement, la qualité se détériore continuellement et inexorablement.

---

1. Une loi analogue de « conservation de la matière » avait été découverte auparavant par Antoine Laurent de Lavoisier : « Rien ne se perd, rien ne se crée, tout se transforme. » En langage contemporain, elle s'appelle plutôt « bilan matières » et affirme que la quantité d'input matériel dans un processus est toujours égale à l'ensemble de l'output, plus les stocks éventuels.
2. P.W. Atkins, *Chaleur et désordre*, Belin, Paris, 1987, p. 16.

Dans une automobile par exemple, le carburant est pourvu de cette qualité qui permet au moteur à explosion d'entraîner le vilebrequin pour faire avancer le véhicule (production de travail mécanique). Mais de la chaleur a aussi été rejetée à l'extérieur par la soupape d'échappement. Le travail mécanique et la chaleur ne sont que des transferts de l'énergie de haute qualité contenue dans le carburant vers les produits de combustion dispersés en désordre dans l'atmosphère. Cette perte de qualité, c'est l'entropie. Quand on recharge la batterie d'un téléphone mobile, les combinaisons chimiques brisées et converties en électricité lors de l'utilisation de l'appareil se reforment en un système énergétique de haute qualité, de basse entropie. Mais cette amélioration locale s'est effectuée au prix d'une dégradation supérieure, d'une plus haute entropie, de l'ensemble du système biosphère + soleil qui contient ce téléphone mobile et sa batterie comme sous-système. Les organismes vivants ne procèdent pas autrement pour construire et maintenir leurs structures ordonnées à partir de constituants plus simples. Un être vivant se développe et s'entretient en mangeant : il puise ainsi dans l'environnement une énergie de qualité et la convertit en énergie chimique, thermique ou musculaire.

Un concept dérivé de l'entropie est celui d'énergie libre, qui représente la part utile de l'énergie d'un système dans son environnement, autrement dit la quantité maximale de travail que ce système peut actionner dans son environnement. L'eau d'un lac situé en haut d'une montagne possède beaucoup d'énergie potentielle. Le même volume d'eau contenu dans un étang de la vallée en possède moins. Une voiture d'une tonne roulant à 90 km/h sur une route a une grande énergie cinétique. La même voiture à l'arrêt sur la même route n'a plus aucune énergie cinétique. Les atomes de carbone et d'hydrogène liés dans les molécules de pétrole ont beaucoup d'énergie chimique. Après la combustion, ces mêmes atomes dispersés en ont moins.

Dans ces exemples, l'énergie, sous l'une ou l'autre de ses formes, se confond pratiquement avec l'énergie libre. La différence, cruciale, c'est que l'énergie est conservée (première loi de la thermodynamique) sous une forme inutilisable, tandis que l'énergie libre est diminuée, à mesure que l'entropie augmente. Mais notre intuition peut être surprise : un cube de glace dans une pièce à 19 °C possède une certaine énergie libre (sa différence de température avec l'air ambiant) que l'on pourrait théoriquement utiliser pour actionner un moteur thermique susceptible de produire du travail mécanique[1]. Ce concept s'élargit à la matière pour mesurer une certaine qualité de concentration et d'organisation des atomes qu'elle contient. Une pépite d'or pur contient plus d'énergie libre que le même nombre d'atomes d'or dilués un à un dans l'eau de mer. Lorsqu'un minerai d'uranium 235 est peu concentré, qu'il est mélangé avec d'autres matières dans un bloc géologique, il contient peu d'énergie libre. Si nous voulons le concentrer pour l'utiliser comme combustible dans un réacteur nucléaire (ce que je ne souhaite pas), nous devons l'enrichir par quelque procédé industriel très énergivore (telle l'usine du Tricastin) pour lui fournir l'énergie libre qui déclenche la réaction en chaîne. Nous avons transféré l'énergie libre fournie à l'usine vers l'énergie libre de la matière nucléaire combustible. L'utilisation de l'énergie libre apporte un « ordre ajouté » à la matière, du point de vue physique, et une « valeur ajoutée » à celle-ci, du point de vue économique[2].

---

1. Göran Wall, *Exergy, a Useful Concept Within Resource Accounting*, rapport n° 77-42, Institute of Theoretical Physics, Chalmers University of Technology et University of Göteborg, Suède, mai 1977.
2. Charles Hall, Dietmar Lindenberger, Reiner Kümmel, Timm Kroeger et Wolfgang Eichhorn, « The need to reintegrate the natural

Les questions écologiques ont bouleversé notre vision de la nature depuis un demi-siècle. Alors que la science classique mettait en valeur les notions d'équilibre, de stabilité et de réversibilité, à l'image de la mécanique rationnelle, nous appréhendons aujourd'hui la nature au moyen de l'évolution, des instabilités et des fluctuations. La symétrie du temps a été brisée. Les processus sont irréversibles. L'entropie guide notre compréhension thermodynamique de l'évolution de la vie.

La bioéconomie

Ce détour par quelques bribes de thermodynamique était indispensable pour comprendre pourquoi l'économie néoclassique a négligé l'énergie comme facteur pour ne considérer que le capital K et le travail T dans la fonction de production $P = f(K, T)$. Au début de l'édification de cette théorie économique, fétichiste de l'argent, les coûts de production les plus importants étaient ceux du travail humain et des équipements, tandis que les matières premières et l'énergie ne coûtaient presque rien. L'attention des entrepreneurs et des économistes s'est donc focalisée sur les deux premiers et a considéré les deux derniers comme négligeables. L'observation de l'évolution du coût de la production avec le temps se résumait à celle des revendications syndicales pour des hausses de salaires ou celle du prix des matériels et infrastructures. Le but de la « croissance » était et reste de jouer sur les deux grands facteurs de production considérés comme substituables l'un à l'autre : mes salariés me coûtent trop cher, je vais les remplacer par des machines

sciences with economics », *Bioscience*, vol. 51, n° 8, août 2001, pp. 663-673.

154

ou bien je vais délocaliser dans un pays à bas salaires. Dans ce modèle économique, l'énergie ne valant presque rien – autour de 5 % dans l'ensemble des coûts des facteurs de production pour l'économie de marché mondialisée –, elle ne vaut pas la peine d'être considérée comme un facteur important. Du reste, si elle devait néanmoins l'être, un changement de prix dans un input énergétique qui ne pèse que 5 % aurait peu de conséquences sur le changement de coût de l'output total.

Nulle trace dans ce modèle du coût des impacts environnementaux ou sanitaires de l'utilisation de l'énergie. Ni du côté de l'extraction – les ressources énergétiques sont considérées comme abondantes et bon marché ou, au pire, substituables entre elles –, ni du côté des rejets et de la pollution – le marché et la technologie étant supposés remédier à d'éventuels dégâts. Aujourd'hui encore, malgré la popularité médiatique du changement climatique, la tonne de carbone ne vaut pas grand-chose sur le marché européen des permis d'émission de gaz à effet de serre, et la séquestration du CO_2 sera censée résoudre une bonne partie du problème. Tel est le raisonnement aveugle. Cependant, un premier doute est apparu dans l'esprit de nos économistes avec l'augmentation brutale des cours du brut lors des deux chocs pétroliers de 1973 et de 1979, ces épisodes ayant eu un impact considérable sur la croissance économique.

Quelques économistes non orthodoxes ont décidé d'inclure le facteur « énergie » (E) dans la fonction de production [P = f(K, T, E)] et d'examiner son importance réelle dans la croissance économique de trois pays – États-Unis, Japon, Allemagne – pendant trois décennies [1]. La nouveauté

---

1. Reiner Kümmel, Dietmar Lindenberger, Wolfgang Eichhorn, « The productive power of energy and economic evolution », *Indian Journal of Applied Economics*, vol. 8, septembre 2000, pp. 231-262. Pour un modèle plus sophistiqué, on consultera : Robert U. Ayres et

essentielle est que les facteurs de production ne sont que partiellement substituables entre eux. Selon les lois de la thermodynamique, il est par exemple inconcevable de remplacer complètement l'énergie par le capital. Les résultats des calculs sont alors très différents de ceux obtenus en économie traditionnelle. Ainsi, les calculs des productivités des facteurs dans la production industrielle des trois pays cités montrent que, sur une trentaine d'années, la puissance productive de l'énergie est plus importante que celle du capital ou du travail, et qu'elle est même environ dix fois plus grande que les 5 % de son coût dans le coût total. En moyenne, la contribution productive de l'énergie est de l'ordre de 50 %, celle du capital d'environ 35 % et celle du travail autour de 15 %.

Ces résultats bouleversent l'économie néoclassique. En fait, pour diminuer leurs coûts de production, les trois grandes économies capitalistes considérées n'ont cessé de substituer de l'énergie puissante et bon marché – du pétrole – à du travail humain, plus cher et moins productif. En 1995, l'appareil industriel qui fournissait biens et services aux citoyens consommait environ 133 kWh par personne et par jour en Allemagne, 270 kWh aux États-Unis. L'énergie quotidienne absorbée par un travailleur étant estimée à environ 3 kWh, chaque habitant de l'Allemagne disposait quotidiennement de 44 « esclaves énergétiques » pour son confort, tandis que l'Américain en avait 90. Ce mouvement de substitution de la puissance énergétique – essentiellement d'origine fossile – à la puissance musculaire humaine n'est pas encore achevé dans les pays industrialisés, bien que de nombreux responsables politiques et

---

Benjamin Warr, *Accounting for Growth : The Role of Physical Work*, Center for the Management of Environmental Resources, INSEAD, Fontainebleau, 2004.

156

syndicaux se plaignent de la désindustrialisation, tel le président de la République française lors de ses vœux en 2005.

Il est de bon ton, en Europe, de railler le gaspillage énergétique des États-Unis, illustré par les chiffres ci-dessus et par les volumes d'émission annuelle de gaz à effet de serre d'un Américain moyen, doubles de ceux d'un Européen. Cela n'est que partiellement juste, car il faut tenir compte de l'histoire et de la géographie de chaque pays ou région. Dans les pays à vaste territoire – les États-Unis, le Canada, l'Australie, la Russie, la Chine, le Brésil et l'Inde –, les distances intérieures induisent nécessairement des coûts de transport, d'organisation et d'administration plus importants que dans les petits pays. Lorsque les transports sont très développés et que les taxes sur les carburants ne sont pas trop élevées, l'évolution du cours du baril a des effets sensibles sur le coût de la mobilité. Lors des chocs pétroliers de 1973 et de 1979, l'économie indienne, alors peu dépendante du pétrole, n'a guère été affectée, tandis que les économies européennes l'ont été davantage [1]. La récession des pays européens a cependant été moins forte que celle des États-Unis, à la fois vastes et pétroaddictes. Cela pourrait m'inciter à prédire que le pic de Hubbert aura des répercussions plus importantes dans les pays étendus et industrialisés que dans les pays plus petits ou moins dépendants du pétrole.

Nous connaissons les désastreuses conséquences sociales du modèle économique dominant, nommées, au Nord, exclusion, chômage, licenciements, délocalisations, et, au Sud, ajustement structurel, déculturation, appauvrissement, misère. Nous connaissons aussi les conséquences écologiques funestes de l'extraction inconsidérée des ressources

1. Omar Campos Ferreira, « The structure of the crisis », *Economy and Energy*, n° 13, mars-avril 1999.

du sous-sol et les pollutions que leur utilisation productiviste occasionne. Notre analyse matérialiste nous conduit à
penser que ces crises sociale et environnementale trouvent
leur cause essentielle dans le bas prix de l'énergie depuis
la révolution industrielle. Elles ne seront pas contrecarrées
uniquement par des moyens financiers, mais par un changement profond du modèle économique dominant, établissant
l'énergie comme le principal facteur de production.

L'IMPÉRIALISME THERMODYNAMIQUE

Dans l'économie néoclassique, tout est rapporté et réduit à
la valeur monétaire de l'échange. C'est la « neutralité » des
marchandises et l'« équité » du commerce selon l'Organisation mondiale du commerce (OMC). Un million d'euros de
Peugeot 607 contre un million d'euros de pétrole saoudien,
cela représente, par définition, un échange parfaitement équitable. La seule valeur, c'est la valeur d'échange. La pensée
même qui sous-tend le modèle néoclassique ne peut concevoir une autre mesure que la valeur monétaire comme support
égalitaire de l'échange. Après l'édification de l'économie
politique classique par Adam Smith et David Ricardo, Karl
Marx a tenté de prolonger la théorie ricardienne de la valeur-
travail. Il a longuement analysé l'extorsion par les propriétaires du capital de la plus-value créée par le travail salarié,
pour conclure que la seule valeur, la valeur « réelle », était
celle du travail investi dans la production. Mais, selon nous,
cette mesure est incomplète et même marginale par rapport à
l'extorsion thermodynamique sur les flux de matières et
d'énergie. En effet, nous avons vu non seulement que l'énergie participait à la moitié du potentiel productif, tandis que le
capital n'y participait que pour un tiers et le travail humain
pour un sixième, mais aussi qu'une qualité initiale des

matières et de l'énergie était irrévocablement perdue dans les flux économiques par la loi de l'entropie.

Notre tâche aujourd'hui est donc d'analyser les mécanismes d'extorsion de cette plus-value thermodynamique par les propriétaires du capital, c'est-à-dire d'observer comment les flux de matières et d'énergie provenant principalement du Sud sont indispensables à l'accumulation du Nord[1]. La valeur, c'est d'abord la valeur thermodynamique. Il ne s'agit pas de réduire l'économie à la thermodynamique, il s'agit de mesurer l'importance relative de chacun des facteurs dans le processus de production de la façon la plus exacte. D'ailleurs, nous ne cherchons pas à établir une nouvelle mesure de la valeur, plus authentique ou plus scientifique que celle des économistes orthodoxes qui la situent dans les « préférences des consommateurs ».

L'appropriation d'énergie fossile par les centres du système-monde – par tous les moyens, notamment militaires – est une condition nécessaire pour l'accumulation productiviste et sa perpétuation, de même qu'« un objet ne peut avoir de prix que s'il a une valeur économique et il ne peut avoir une valeur économique que si son entropie est basse. Mais la réciproque n'est pas vraie[2] ».

Du côté du Nord, les productivistes des centres du système-monde[3], condamnés à la recherche d'un pouvoir et d'un profit croissants nécessaires à leur survie dans la

---

1. Alf Hornborg, « The unequal exchange of time and space : toward a non-normative ecological theory of exploitation », *Journal of Ecological Antropology*, vol. 7, 2003. Voir aussi son livre *The Power of the Machine*, AltaMira Press, Walnut Creek, Californie, 2001.

2. Nicholas Georgescu-Roegen, *La Décroissance, op. cit.*, p. 71, note 14.

3. Dans ce paragraphe et les suivants, nous empruntons quelques notions à l'école de l'économie-monde, fondée par Fernand Braudel et Immanuel Wallerstein.

compétition mondiale, ne peuvent intensifier la production industrielle qu'en s'appropriant des parts croissantes d'énergie libre et de ressources minérales en provenance des zones périphériques. Du côté du Sud, celui des dominés, cette intensification conduira à la déplétion des ressources naturelles locales et à la dégradation environnementale. Ces transferts d'énergie libre et de minéraux sont une première forme d'échange inégal entre les centres et les périphéries du monde. Mais une seconde forme concerne le temps et l'espace, ou plutôt les échanges inégaux de temps et d'espace entre les dominants et les dominés. En effet, de nombreuses technologies peuvent être considérées comme des instruments économiseurs de temps et d'espace. En principe, la vitesse accrue par l'utilisation des trains, des automobiles ou des avions, ainsi que par l'usage de téléphones mobiles ou de réseaux Internet, permet d'économiser le temps des usagers. Parallèlement, l'intensification des usages du sol par des gratte-ciel ou par l'agriculture productiviste permet d'épargner de l'espace. Mais ces économies ne sont rendues possibles que par des dépenses supérieures de temps et d'espace ailleurs dans le monde.

L'avion A380, triomphalement célébré à Toulouse au début de l'année 2005, permettra peut-être à ceux qui auront les moyens de l'emprunter de gagner du temps et d'accéder à plus d'espace, mais cela se fera au prix du temps de travail d'une multitude de mineurs, de sidérurgistes et de travailleurs d'Airbus, ainsi qu'au prix d'espaces naturels creusés de mines ou forés de derricks, sacrifiés sur l'autel du progrès technologique.

L'échange inégal de temps a déjà été exposé il y a plus de trente ans par des penseurs marxistes[1] qui ont montré

---

1. Emmanuel Arghiri, *L'Échange inégal. Essai sur les antagonismes dans les rapports économiques internationaux*, Éditions François Maspéro, Paris, 1969.

que les pays à bas salaires doivent exporter de plus grands volumes que ceux qu'ils reçoivent des pays à hauts salaires. Autrement dit, la quantité de travail contenue dans les exportations des pays dominés est considérée comme inférieure à celle que renferment les exportations des pays dominants. Plus récemment, les écologistes ont étendu le principe d'échange inégal à l'espace, mesuré par la notion d'empreinte écologique[1]. La révolution industrielle fut moins un arrachement prométhéen aux contraintes naturelles qu'une capacité locale d'exporter ces contraintes vers les périphéries de la planète. Le « progrès technologique » ou la « croissance » ne sont pas les clés du paradis dont Ricardo et Marx rêvaient, mais les expressions locales d'un jeu global à somme négative pour la majorité des habitants de la Terre, de ses espaces naturels et de son sous-sol. Dans le commerce mondial selon l'OMC, la somme algébrique des échanges est financièrement nulle, par définition. En revanche, du point de vue biophysique et thermodynamique, l'échange est doublement inégal, d'une part parce que la quantité de « progrès » gagnée par le Nord est inférieure à la quantité d'entropie gagnée par le Sud, d'autre part parce que les quantités de travail et d'espace économisées par le Nord sont inférieures aux temps de travail et aux espaces sacrifiés par le Sud.

Les marxistes n'ont pas complètement saisi les implications de cette analyse de la technologie moderne. Si les machines, depuis le début de la révolution industrielle, peuvent être considérées comme des instruments d'économie de temps et d'espace pour certains au prix de la perte de temps et d'espace pour un plus grand nombre d'autres, voir le « développement des forces productives » comme la pro-

---

1. Mathis Wackernagel et William Rees, *Notre empreinte écologique*, Éditions Écosociété, Saint-André Montréal, Québec, 1999.

messe de l'émancipation du prolétariat mondial n'a aucun sens.

La promotion sociale contemporaine de la compression du temps et de l'espace due aux technologies, sur lesquelles s'extasient les philosophes cornucopiens médiatiques, repose sur un processus planétaire d'appropriation de temps et d'espace. Les secteurs high-tech de la société mondialisée qui glorifient leur utilisation efficace du temps et de l'espace (l'A380) oublient tout à fait à quel prix humain, thermodynamique et écologique cette prétendue efficacité a été possible. Les secteurs développés de nos sociétés industrielles le sont moins par le génie technologique et l'esprit d'entreprise que par l'esclavage et la dévastation environnementale. Une partie de ce constat n'est pas nouvelle. Elle avait déjà été dressée par Rosa Luxemburg il y a un siècle, dans son analyse de l'expansion du capitalisme[1], dimension thermodynamique en moins. Aujourd'hui, contrairement aux marxistes, nous ne croyons pas que la technologie industrielle puisse être placée sous le contrôle des masses pour devenir une force d'égalisation des conditions et de prospérité pour le plus grand nombre. La technologie n'est pas culturellement neutre. Comme toutes les institutions qui émergent de l'interaction spéculaire[2], elle représente une forme socialement construite de l'inégalité, elle est inséparable de cette dernière. Le formidable multiplicateur de force que représente le pétrole est la base vitale des centres du système-monde qui aspirent son énergie libre pour se reproduire et s'étendre en le dissipant sous forme de chaleur. La « croissance » ainsi entretenue n'accélère pas seule-

---

1. Rosa Luxemburg, *L'Accumulation du capital*, Éditions François Maspéro, Paris, 1969.
2. Jean-Louis Vullierme, *Le Concept de système politique*, PUF, Paris, 1989.

ment la déplétion des hydrocarbures, mais aussi les inégalités entre les puissances des centres et les multitudes des périphéries. Le modèle productiviste contemporain, intrinsèquement lié à l'échange inégal d'énergie par l'extraction des hydrocarbures, ne pourra pas survivre sans le pétrole, matière irremplaçable de la pérennité du système. C'est pourquoi l'éventuel remplacement des hydrocarbures par des énergies renouvelables ne serait pas une simple substitution technique, toutes choses étant égales par ailleurs. Ce serait d'abord un flux solaire inépuisable qui prendrait la place d'un stock « emmagasiné dans les entrailles de la Terre[1] », donc une authentique solidarité avec les générations futures. Notre génération n'empiéterait ainsi en rien sur les capacités des futures à bénéficier du rayonnement solaire, alors que celles qui nous ont précédés ont dissipé en un siècle et demi la moitié du volume de pétrole de la dotation terrestre initiale, irrévocablement. Ce serait aussi le remplacement d'une énergie cumulativement polluante par une énergie exempte de presque toute pollution. Ce serait enfin un bouleversement dans l'organisation de notre planète, par la fin de l'échange inégal d'énergie entre le Nord et le Sud.

LA CONTRACTION ÉCONOMIQUE DUE À LA CHERTÉ DU PÉTROLE

La disponibilité croissante d'énergie bon marché à partir des combustibles fossiles a été le principal « moteur de croissance » depuis le début de la révolution industrielle. Les machines ont progressivement remplacé la force animale et humaine, la puissance du vent et de l'eau, et, par

---

1. Nicholas Georgescu-Roegen, *La Décroissance, op. cit.*, p. 116.

conséquent, ont augmenté considérablement la productivité des travailleurs.

Du point de vue économique, la boucle énergétique fonctionne comme suit : l'énergie abondante et bon marché, la fabrication en série et le progrès dans l'efficacité énergétique permettent la production et la distribution de biens et de services peu onéreux, et donc leur offre à bas prix, lesquelles encouragent la croissance de la demande. Cette demande correspondant nécessairement à la somme des paiements des facteurs (capital + travail), dont une partie revient aux travailleurs sous forme de salaires, les revenus du travail tendent à s'accroître lorsque la production augmente. Cela stimule alors le remplacement de la force animale et humaine par la puissance des machines, entraînant de nouveaux accroissements d'échelle et des coûts plus bas [1].

Les enchaînements de cette boucle positive démontrent que les flux d'énergie ont été, et demeurent, un facteur de production majeur. Et pourtant, la théorie néoclassique le néglige en ne l'incluant pas dans la fonction de production ou dans le produit intérieur brut. En fait, l'économie néoclassique considère la hausse de la consommation d'énergie comme une conséquence de la croissance et non l'inverse. La boucle susdécrite laisse plutôt entendre que la causalité est mutuelle, bidirectionnelle.

Si nous sommes désormais convaincus que le facteur énergétique est le plus important des facteurs de production, qui a permis au premier chef la croissance économique depuis plus d'un siècle grâce à l'abondance et au faible coût de l'énergie, que se passe-t-il dans la boucle lorsque celle-ci devient plus rare et beaucoup plus chère ? Les coûts des

---

1. Robert U. Ayres et Benjamin Warr, *Accounting for Growth*, *op. cit.*

biens et services augmentent en proportion de l'importance du facteur énergie dans la production. L'hypothèse de l'élasticité voudrait qu'alors la demande décroisse, ainsi que la production et les salaires versés. Des tentatives de substitution d'autres énergies au pétrole peuvent être réalisées, mais l'impossibilité de son remplacement massif et rapide par un autre fluide, remplacement en outre freiné par l'addiction au pétrole de nos sociétés, détermine une inversion du processus : une boucle de décroissance. La succession des phases de l'économie mondiale serait alors : inflation → récession → dépression → effondrement. Cet enchaînement pourra cependant présenter différentes formes selon la vitesse à laquelle les cours du baril augmenteront.

EFFONDREMENT OU SIMPLIFICATION ?

La complexité de la société est souvent évoquée pour cacher notre incompréhension de ses mécanismes ou notre impuissance à en influencer le cours. Une partie de l'abstention électorale repose sans doute sur ce sentiment. Admettons provisoirement que la notion de complexité est intuitive et qu'elle correspond simplement au sentiment individuel de notre incapacité à comprendre la société ou à agir sur elle mais aussi, paradoxalement et positivement, à une stratégie collective pour résoudre certains problèmes que rencontre la société. Personne, en France, ne maîtrise complètement la « complexité » réglementaire de la Sécurité sociale, mais celle-ci s'est formée depuis cinquante ans comme réponse adaptative aux différences de situation des groupes de bénéficiaires. En tant que stratégie de résolution de problèmes, la complexité d'une institution ou d'une société peut être considérée comme une fonction économique dont les facteurs se mesurent matériellement en capital, en travail et en énergie, tout comme la production. Il existe aussi des coûts de transaction, d'organisation et de coordination, plus difficilement évaluables, et que nous inclurons dans les coûts matériels. Les premières solutions mises en œuvre pour résoudre un problème sont souvent les plus simples et les moins chères, elles sont efficaces à moindre coût. Cependant, la complexité croissante est aussi soumise aux rendements décroissants : plus les problèmes se multiplient, moins les investissements supplémentaires y apportent de solutions efficaces. Les exemples et les contre-exemples issus de l'agriculture ne manquent pas[1]. Les Papous Kapauku de Nouvelle-Guinée ne consacrent pas plus de deux heures quotidiennes au travail d'une agriculture de subsistance. Il en est de même des Indiens Kuikuru du bassin de l'Amazone, ou des paysans russes avant la révolution d'Octobre. Les administrateurs coloniaux ont pu s'étonner d'une telle sous-production instituée, comme si les populations qui vivaient ainsi préféraient l'art, la bagarre et le repos à l'intensification de la production. Ou bien ces groupes n'avaient-ils pas l'intuition qu'un accroissement du temps de travail agricole n'aurait apporté qu'une production supplémentaire marginale ? Autrement dit, n'avaient-ils pas la connaissance acquise que l'intensification agricole aurait certes augmenté le rendement à l'hectare, mais au prix d'une productivité horaire décroissante ? À l'inverse, d'autres sociétés, sous l'effet de la croissance démographique notamment, se résolurent à l'intensification agricole, au prix d'une complexité croissante (sarcler, retourner, amender, irriguer, semer, récolter, commercialiser, transfor-

---

1. Joseph A. Tainter, « Problem solving : complexity, history, sustainability », *Population and Environment*, vol. 22, n° 1, septembre 2000, pp. 3-41.

mer, distribuer, détailler...) et d'un considérable déficit énergétique (voir chapitre 3). L'Europe ne s'est pas seulement distinguée par l'avène-
ment de l'agriculture productiviste. Elle a aussi dépensé
beaucoup de temps de travail, de capital et d'énergie à (se)
faire la guerre depuis le xve siècle. La course aux armements, exemple paradigmatique de rendements décroissants,
n'est pas simplement ruineuse par les destructions physiques réalisées en temps de guerre, elle l'est aussi par la
captation d'une partie importante du PIB en temps de paix
pour préparer la prochaine guerre ou maintenir la sécurité
du pays. Il n'est que d'observer les budgets des ministères
de la Défense – notamment américain – pour s'en
convaincre. Les pays européens ont cependant réussi, jusqu'à maintenant, à éviter le collapsus grâce à trois facteurs
complémentaires : l'exploitation de leurs paysans et de leurs
ressources naturelles (bois, charbon, fer) ; l'expansion coloniale et la spoliation des peuples indigènes ; enfin l'accès
aux hydrocarbures bon marché. Ce dernier facteur est
aujourd'hui le plus déterminant dans la puissance générale –
non exclusivement guerrière – de l'Europe et des pays de
l'OCDE. Maintenir la complexité des sociétés occidentales
ou développer celle des pays mimétiques (Chine, Inde,
Brésil...) réclamerait l'accroissement de l'accès à des ressources énergétiques bon marché, notamment les hydrocarbures. Ceci est impossible. Le monde va se simplifier
dramatiquement.

CHAPITRE 7

Or noir, sang rouge

Ce qui fut appelé « développement » au cours de la seconde moitié du xxᵉ siècle se résume à l'accès facile à l'abondance pétrolière bon marché pour produire du travail mécanique. C'est pourquoi les États-Unis furent et demeurent le premier des « pays développés ». Pendant la majeure partie de ce dernier siècle, ils ont possédé, avant et plus que tout autre pays, cet accès au pétrole sur leur territoire et par l'intermédiaire de leurs compagnies transnationales. Mais les temps changent : découvertes en chute, offre stagnante, demande croissante, guerres pour l'accès. Telle est la formule de la déplétion pétrolière qui s'annonce. Le choix des pays industrialisés est binaire : soit ils décident leur sevrage immédiat et rigoureux, soit ils poursuivent leur addiction par la force. La première option est la seule manière de sauvegarder la solidarité et la démocratie, mais nous avons jusqu'ici choisi la seconde : la guerre.

LE GLOBE HUILEUX

Il est courant et futile de railler le président des États-Unis, George W. Bush, en le décrivant comme un Texan bouseux, sauvé de l'alcoolisme par la grâce de Dieu et les intérêts primaires du lobby pétrolier. Caricature trop sommaire pour une réalité bien plus dangereuse. L'attachement des États-Unis au pétrole ne date pas de l'an 2000, et il est plus exact de parler de l'addiction croissante du monde occidental au pétrole depuis l'an 1900. *« You've got to go where the oil is »* (« Allez là où est le pétrole ») a dit un jour le vice-président américain Dick Cheney, résumant ainsi l'essentiel de l'histoire matérielle de son siècle. Au moins depuis l'époque du président Jimmy Carter et de son conseiller Zbigniew Brzezinski[1], les États-Unis et leurs alliés poursuivent l'objectif de long terme – la stratégie n'est jamais une affaire urgente – consistant à contrôler le plus vaste territoire possible dans les régions du golfe Persique et de l'Asie centrale, là où se situent les plus grandes réserves mondiales de brut à bas coût d'extraction, ainsi que toutes les routes partant de ces régions pour l'acheminement du pétrole et du gaz naturel par pipes ou par bateaux. Un corollaire est de contenir la Chine et la Russie en entravant les relations que ces deux pays pourraient nouer ou développer avec l'Union européenne.

Pour progresser vers ces objectifs, tous les moyens financiers, matériels et humains sont mobilisés, sans égard à quelque morale que ce soit, sauf, bien sûr, dans le discours justificateur des forfaits, soigneusement dissimulés derrière l'écran de fumée de la promotion des valeurs de liberté et de démocratie, pour le meilleur, ou celui de la guerre au terrorisme et à la tyrannie, pour le pire. Ces objectifs ont déjà renversé des gouvernements, abattu des régimes, tué des millions d'innocents. « En fin de compte, le coût du pétrole sera mesuré en sang : le sang des soldats américains qui meurent au combat, et le sang des nombreux autres morts de la violence liée au pétrole, y compris les victimes

---

1. Zbigniew Brzezinski, *Le Grand Échiquier*, Bayard, Paris, 1999.

du terrorisme [1]. » L'avidité pour les hydrocarbures est la meilleure boussole qui soit pour s'orienter dans la géopolitique contemporaine : la carte du monde est celle d'un globe huileux parcouru de flèches indiquant où se trouve le brut et où il doit parvenir.

Quelles sont les relations, par exemple, entre le 11 septembre 2001 et le pétrole ? Depuis quatre ans, la plupart des commentateurs n'en ont vu aucune, sauf marginalement. Les hypothèses les plus courantes évoquent plutôt un « choc des civilisations » entre le libéralisme démocratique de l'Occident et le fanatisme islamique de l'Orient, ou bien un islam moderne et laïc affrontant un islam traditionaliste par Twin Towers interposées, ou encore la punition de l'Amérique pour ses vilenies au Moyen-Orient... Bien que certaines de ces analyses exposent des dimensions effectivement présentes dans l'événement du 11 septembre, il me semble que les symboles dramatiques émis ce jour-là par Ben Laden étaient destinés à la famille royale saoudienne. « Son objectif ultime [celui de Ben Laden] est le renversement du régime saoudien et la prise de contrôle du plus précieux cadeau géopolitique de la Terre : les immenses champs pétroliers saoudiens qui contiennent un quart des réserves connues de pétrole [2]. » Ben Laden pourrait porter un coup fatal au monde. Il a d'abord commencé, avec ses affidés, par bien connaître les mécanismes matériels et psychologiques du monde industriel, notamment en fréquentant ses forces économiques et militaires, voire en s'alliant ponctuellement avec elles comme il le fit avec la CIA pendant la guerre entre l'Union soviétique et l'Afghanistan.

1. Michael T. Klare, *Blood and Oil*, Metropolitan Books, New York, 2004, p. 183.
2. *Ibid.*, pp. 50-55. Voir aussi Michael T. Klare, *Ressource Wars*, Metropolitan Books, New York, 2001, pp. 75-78.

Connaissance aussi de la dépendance des sociétés industrielles, droguées au pétrole, une faiblesse sur laquelle il pourrait fonder désormais sa stratégie de reconstruction de la Oumma islamique. Après la guerre du Golfe en 1991, il utilisa l'installation des troupes américaines sur ce qu'il considère comme le sol sacré d'Arabie pour élargir sa communauté auprès de concitoyens attentifs à son fondamentalisme. Sur la terre de sa naissance – qu'il aspire à diriger un jour – règne une dynastie vieillissante qui n'en finit pas de prolonger le pacte de 1945 énoncé par les Américains : « Notre protection contre votre pétrole. »

Il a longuement entraîné ses troupes invisibles à quelques attentats préparatoires contre des ambassades américaines en Tanzanie ou au Kenya dans les années 90, jusqu'au 11 septembre 2001. Le choc provoqué par l'effondrement des Twin Towers, puis la guerre d'Irak en 2003 ont conforté son analyse des faiblesses des sociétés industrielles, parmi lesquelles l'addiction hydrocarbonée. Ben Laden pourrait aujourd'hui mesurer cette addiction par le renversement violent du régime saoudien.

Ben Laden a en effet la situation à peu près en main en Arabie Saoudite. Bien que le roi Abdallah tente de lutter contre le terrorisme, les services de sécurité censés traquer Al-Qaida sont massivement infiltrés par les sympathisants de Ben Laden. Les ressortissants étrangers en sont déjà convaincus, au point de préférer habiter dans des forteresses protégées par des vigiles privés et sortir armés pour vaquer à leurs affaires plutôt que de faire confiance à la police du royaume. La crainte d'une déstabilisation de la région se propage à la Jordanie, au Bahrein et à Oman. Néanmoins, la plupart des analystes occidentaux ne croient pas à la chute imminente de la maison des Saoud, pas plus qu'ils ne croyaient à celle du shah d'Iran il y a vingt-cinq ans. Ce qui a pourtant provoqué le choc pétrolier de 1979.

OR NOIR, SANG ROUGE

Ben Laden pourrait donc se préparer à renverser le régime en Arabie Saoudite en considérant qu'aujourd'hui est la bonne fenêtre de tir. En effet, hormis l'Arabie Saoudite, tous les pays exportateurs de pétrole – membres de l'OPEP ou non – fournissent déjà à pleine capacité pour satisfaire une demande mondiale croissante. La Chine est devenue le second importateur après les États-Unis. Or la situation est instable dans plusieurs de ces pays exportateurs. L'avenir de Ioukos est incertain en Russie. Des grèves paralysent le Nigeria. Chavez n'a pas calmé ses opposants au Venezuela. L'Irak est dans l'état que l'on sait. L'Indonésie, qui assumait la présidence de l'OPEP en 2004, est devenue ironiquement importatrice de pétrole.

Seule l'Arabie Saoudite aurait les moyens d'augmenter sa production. C'est du moins ce que prétend Ali al-Naimi, ministre saoudien du Pétrole. Mais il semble bien le seul à croire ce qu'il dit. Les marchés aux cours haussiers et certains observateurs [1] de l'économie pétrolière estiment au contraire que l'Arabie Saoudite ne peut plus tenir son rôle traditionnel de *swing producer* (producteur d'appoint) susceptible d'agir sur les cours du brut en jouant sur l'ouverture ou la fermeture de ses robinets. Et ce pour des raisons de fondamentaux matériels : la production saoudienne provient de quelques vieux champs pétroliers géants qui semblent sur le déclin, malgré l'usage de techniques avancées (injection d'eau sous pression, forages directionnels, puits multibranches...). Si le régime wahhabite était déstabilisé par quelque attentat, les cours du pétrole grimperaient au ciel. Les États-Unis seraient gravement touchés. L'Empire

---

1. Matthew R. Simmons, *Twilight in the Desert : The Coming Saudi Oil Shock and the World Economy*, John Wiley & Sons, Hoboken, NJ, États-Unis, 2005.

vacillerait, tandis que Ben Laden arriverait pour régner sur sa terre natale et contrôler enfin les exportations de brut.

En outre, la « guerre au terrorisme » est si utile à la politique des États-Unis que l'on doit se poser la question de la fabrication, par les Américains, d'Al-Qaida en tant que mythe, prétexte à l'établissement du contrôle américain sur les réserves hydrocarbonées de l'Asie centrale et du Golfe. Le projet de « Grand Moyen-Orient » démocratique exhibé par les États-Unis est la réponse elle aussi mythique à l'invention d'Al-Qaida comme concept tactique.

Sauf intervention militaire américaine, il serait même possible que la chute du régime saoudien se déroule sans trop de violence. En effet, la famille saoudienne est plutôt détestée par la majorité, bien qu'elle se maintienne depuis des décennies. Ce phénomène paradoxal est assez fréquent – que l'on songe aux longues dictatures de Saddam Hussein en Irak ou de Staline en ex-URSS – pour que nous tentions d'en comprendre le mécanisme. Essentiellement : comment une dictature se maintient-elle ? Si un individu soumis à cette dictature était seul à en juger, sa volonté serait sans doute de la rejeter. Il est probable qu'il en irait de même de la majorité des individus qui subissent ce régime honni. S'il suffisait d'additionner ainsi les volontés individuelles pour renverser le dictateur, la démocratie régnerait depuis longtemps partout dans le monde, ce qui n'est pas le cas. Pourquoi ? Parce que la volonté, pas plus que la force et les fameux « rapports de force » fréquemment évoqués dans les analyses, n'est pas une réalité première, mais une réalité dérivée de l'interaction spéculaire [1]. L'individu soumis à la dictature ne se demande pas s'il veut renverser le régime,

1. Jean-Louis Vullierme, « Généralités sur la constitution cognitive du politique », *Intellectica*, Revue de l'Association pour la recherche cognitive, n° 26-27, 1998/1-2, pp. 79-88.

OR NOIR, SANG ROUGE

mais seulement s'il le ferait au cas où un certain nombre d'autres le feraient aussi. Chacun étant placé dans la même situation que les autres, le dictateur s'effondrera non en fonction de la volonté de tous, mais de leurs représentations croisées, c'est-à-dire en fonction des anticipations que chacun effectuera sur la capacité effective de ceux qui l'entourent à se révolter. De nombreux exemples historiques montrent ainsi qu'un régime détesté de (presque) tous s'impose et se maintient plus longtemps qu'un régime légitimé par une majorité. Néanmoins, une dictature peut aussi s'effondrer rapidement tant sont parfois imprévisibles les dynamiques sociales dues à l'interaction spéculaire.

L'IRAK

Le 26 janvier 1998, un groupe organisé de néoconservateurs américains, le Project for the New American Century, publia une lettre ouverte au président Clinton pour le presser de déclencher la guerre en Irak et de démettre Saddam Hussein, qui incarnait selon eux un « risque pour une partie significative de la production mondiale de pétrole ». Anticipant sur ce qui allait finalement se produire, la lettre appelait les États-Unis à partir seuls en guerre sans être « bloqués par la recherche erronée de l'unanimité au sein du Conseil de sécurité des Nations unies ». Parmi les dix-huit signataires de ce texte, neuf se retrouveront chargés de postes importants dans l'administration Bush lors du déclenchement de la guerre d'Irak en 2003 : le secrétaire d'État à la Défense Donald Rumsfeld, les secrétaires adjoints Paul Wolfowitz (désormais président de la Banque mondiale) et Richard Perle, le secrétaire d'État adjoint Richard Armitage, les sous-secrétaires d'État John Bolton et Paula Dobriansky, le négociateur américain en chef pour le commerce Robert Zoellick (depuis 2005, secrétaire adjoint auprès de Condoleezza Rice), le conseiller présidentiel pour le Moyen-Orient Elliot Abrams, et enfin l'envoyé spécial de Bush en Irak Zalmay Khalilzad. D'autres signataires éminents apportèrent leur caution à cette démarche prophétique, tels Francis Fukuyama, professeur de sciences politiques à l'université Johns Hopkins (Washington, DC), et Robert Kegan, professeur de psychologie à Harvard (Massachusetts). Ces personnalités concluaient : « Nous croyons que les États-Unis ont le pouvoir, au vu des résolutions des Nations unies, de mettre en œuvre les étapes nécessaires, y compris militaires, pour protéger nos intérêts vitaux dans le Golfe [1]. » Ce document n'est qu'une des innombrables manifestations du modèle du monde que possèdent les dirigeants américains, nuancé ou teinté par les croyances religieuses et les sympathies pro-démocrates ou pro-républicaines.

Le même groupe de néoconservateurs prit une part active dans la campagne présidentielle américaine de l'année 2000. Avec l'aide du futur vice-président Dick Cheney et du gouverneur de Floride Jeb Bush, ils publièrent en septembre 2000 un « Projet pour une Pax Americana planétaire », véritable brûlot militariste. Les auteurs le décrivent comme un plan pour le maintien de la prééminence américaine mondiale, en écartant la montée d'une grande puissance rivale et en établissant un ordre sécuritaire international selon les principes et les intérêts américains : « Pendant des décennies, les États-Unis ont cherché à jouer un rôle plus permanent dans la sécurité régionale du Golfe. Alors que le conflit non résolu avec l'Irak en fournit la justi-

---

1. Voir www.newamericancentury.org/iraqclintonletter.htm (27 mars 2005).

176

fication immédiate, le besoin d'une présence substantielle des forces américaines dans le Golfe transcende la question du régime de Saddam Hussein.» Le texte appelle sans vergogne à «la subversion de toute croissance de puissance politique des alliés même les plus proches», au «changement de régime» en Chine, en Corée du Nord, en Libye, en Syrie, en Iran, au «contrôle politique de l'Internet» et à des «formes avancées de guerre biologique qui pourraient cibler des génotypes spécifiques en transformant ainsi la terreur biologique en un instrument politiquement utile». Il reconnaît par ailleurs que l'application de ce plan «prendra sans doute du temps, en l'absence d'événement catastrophique et catalyseur tel un nouveau Pearl Harbor[1]». Un an après, c'était le 11 septembre 2001.

Matthews Simmons est PDG de Simmons & Compagny International, une entreprise bancaire spécialisée dans les investissements énergétiques qu'il a fondée en 1974. À la fin du mandat de Bill Clinton, Matt Simmons eut l'occasion de transmettre ses analyses sur le *Peak Oil* (pic de Hubbert du pétrole) à l'ancien ministre de l'Énergie Bill Richardson, puis, pendant la campagne présidentielle de l'an 2000, il inspira les discours du candidat George W. Bush sur l'énergie. En janvier 2001, au tout début de son premier mandat présidentiel, ce dernier crée le National Energy Policy Development Group (NEPDG, Groupe de développement de la politique nationale de l'énergie), composé de hauts fonctionnaires et de dirigeants de compagnies pétrolières. Ce groupe est dirigé par le vice-président Dick Cheney, ancien patron de Halliburton, leader mondial pour les équipements et les services pétroliers. Ses réunions secrètes conduisent au printemps 2001 à la rédaction par Dick Che-

---

1. Voir www.newamericancentury.org/RebuildingAmericasDefenses. pdf (27 mars 2005).

ney d'un rapport[1]. Le chapitre 8, intitulé « Renforcer les alliances mondiales : améliorer la sécurité énergétique nationale et les relations internationales », contient des recommandations au président : « faire de la sécurité énergétique une priorité de notre commerce et de notre politique extérieure », « revoir et réformer les sanctions, notamment contre les nations qui soutiennent le terrorisme ou cherchent à obtenir des armes de destruction massive », « soutenir le pipeline Bakou-Tbilissi-Ceyhan [...] et renforcer le dialogue commercial avec le Kazakhstan, l'Azerbaïdjan et les autres États caspiens pour établir un climat d'affaires fort, transparent et stable dans le domaine de l'énergie et des projets d'infrastructures afférents ». Ces « recommandations » du printemps 2001 n'attendaient qu'un prétexte conjoncturel pour être mises en œuvre. Les attentats du 11 septembre 2001, suivis de la politique de « guerre au terrorisme », autorisèrent George W. Bush à déclencher la guerre d'Irak le 20 mars 2003. Dick Cheney, alors PDG de Halliburton, ne déclarait-il pas en 1999 : « D'où proviendront les 50 millions de barils par jour supplémentaires dont nous aurons besoin en 2010 ? Du Moyen-Orient, avec les deux tiers du pétrole mondial et les coûts les plus bas. »

Il n'y a plus personne aujourd'hui pour croire que les interventions militaires décidées par George Bush père en 1991 étaient destinées à sauvegarder l'intégrité territoriale du Koweit, et celles de George Bush fils en 2003 à rechercher et détruire les armes de destruction massive de Saddam Hussein. Ici, comme ailleurs, l'odeur du pétrole bon marché

---

1. Dick Cheney, *Reliable, Affordable, and Environmentally Sound Energy for America's Future*, National Energy Policy Development Group, US Government Printing Office, Washington DC, mai 2001. Ce rapport est téléchargeable depuis l'adresse www.whitehouse.gov/energy (27 mars 2005).

fut déterminante, comme le montre une carte annexée au rapport Cheney. Cette carte [1] résume la représentation que se font de l'Irak les acteurs du groupe Cheney. Pour eux, ce pays n'est qu'un énorme réservoir de pétrole peu entamé, sur lequel il convient d'installer un immense camp militaire américain, ou plutôt, pour respecter les formes, un gouvernement et un parlement fantoches destinés à faciliter la mainmise des compagnies américaines sur le pétrole irakien. On peut y distinguer, au sud-ouest, huit *exploration blocks* (secteurs d'exploration) tracés au crayon, comme aux beaux jours de la géographie coloniale franco-anglaise après 1918, lorsqu'on érigea cette partie tribale du Moyen-Orient en un ensemble d'États-nations. C'est l'homologie formelle réclamée par l'imaginaire occidental : que ces contrées arriérées commencent par nous ressembler. À cette carte est annexée la liste exhaustive des 63 compagnies pétrolières (aucune n'est américaine) issues de 30 pays en négociation avec Saddam Hussein pour l'exploitation du pétrole, notamment l'anglo-néerlandaise Shell, la russe Loukoil et la française Total [2]. Cette dernière était intéressée par le champ supergéant de Majnoon (au sud-est, près de la frontière iranienne), dont les réserves sont estimées à 25 milliards de barils, autant dire un véritable trésor. Allons-nous, Monsieur le Président, abandonner de telles richesses aux Russes et aux Français ? Non, répondirent conjointement les patrons des « majors » américaines invitées aux réunions confiden-

---

1. Le rapport Cheney, cette carte et d'autres documents stratégiques ont finalement été rendus publics grâce à l'obstination judiciaire de l'association citoyenne conservatrice Judicial Watch et de l'association environnementaliste Sierra Club. La carte peut être consultée à l'adresse www.judicialwatch.org/IraqOilMap.pdf.
2. Yves Cochet, « George W. Bush, notre héros ? », *Le Monde*, 19 février 2003.

tielles du groupe Cheney. George W. Bush, fils et petit-fils de pétroliers texans, entérina l'idée qu'une guerre en Irak, masquée par un écran de discours promouvant la liberté, la démocratie ainsi que la lutte contre le terrorisme et les États voyous, permettrait de rafler le pétrole irakien à bas coût au profit des compagnies américaines ExxonMobil, Chevron-Texaco, ConocoPhillips... et Halliburton. Cette mainmise par la force est en passe d'être réalisée, avec les atrocités que l'on sait. Qui contrôle le pétrole contrôle le monde. Vu depuis l'angle pétrolier, on comprend mieux que le gouvernement français se soit vigoureusement opposé à cette guerre, moins par vertu que par intérêt.

Sous quelle forme le contrôle américain sur le pétrole irakien doit-il s'exercer ? La démocratie contradictoire des États-Unis permet à de nombreux groupes d'accéder à des documents stratégiques en invoquant le *Freedom of Information Act* (loi sur la liberté de l'information). Les magazines *Newsnight* et *Harper's* ont ainsi obtenu le plan mis au point par les dirigeants des grandes compagnies pétrolières (Big Oil) et les pragmatiques du Département d'État : il s'agissait de contrer les intentions des néoconservateurs du Pentagone, qui entendaient privatiser tous les champs pétroliers irakiens aux fins de détruire le cartel de l'OPEP par une forte hausse de la production, bien au-delà des quotas de l'OPEP. Cette braderie avait obtenu le feu vert au cours d'une réunion secrète, à Londres, présidée par Ahmed Chalabi, peu après l'entrée des troupes américaines à Bagdad, selon Robert Ebel, ancien analyste pétrolier de la CIA et aujourd'hui chercheur au Center for Strategic and International Studies de Washington. Ebel prétend avoir pris un avion pour se rendre à la réunion de Londres, sur requête du Département d'État. De son côté, Falah Aljibury, un Américain d'origine irakienne qui servit d'intermédiaire à Ronald Reagan pour contacter Saddam Hussein dans les années 80, déclare que le plan de privatisation qui devait être mis en œuvre par le gouvernement fantoche de Chalabi n'eut d'autre résultat que de stimuler la rébellion et les attaques contre les armées américaine et anglaise : « Écoutez, vous êtes en train de perdre votre patrie, de perdre vos ressources au profit d'une poignée de millionnaires qui veulent vous déloger et vous pourrir la vie. Pas étonnant que l'on assiste au sabotage des installations pétrolières et des pipelines qui devaient être privatisés [1]. »

Philip Carroll, ancien PDG de Shell-USA, qui prit le contrôle de la production pétrolière irakienne au nom du gouvernement américain un mois après l'invasion, suspendit le schéma de privatisation. « Il n'y aura pas de privatisation du pétrole irakien tant que je serai là », déclara-t-il à Paul Bremer, le chef de l'occupation américaine à partir de mai 2003. Big Oil a donc gagné pour l'instant. Son plan alternatif à la privatisation prévoit la création d'une seule compagnie nationalisée, ce qui n'ébranlerait pas l'OPEP et ne ferait pas baisser les prix actuellement élevés du pétrole. « Je ne suis pas sûr que si j'étais patron d'une compagnie pétrolière américaine, et que vous me soumettiez au détecteur de mensonges, je vous dirais que des prix élevés du pétrole sont mauvais pour moi ou pour ma compagnie », avoue Amy Jaffe, de l'Institut James Baker. Ce dernier, ancien secrétaire d'État, est désormais avocat d'Exxon-Mobil et du gouvernement d'Arabie Saoudite. Philip Carroll approuve : « Beaucoup de néoconservateurs sont des gens qui ont certaines croyances idéologiques sur les marchés, sur la démocratie, sur ceci ou cela, tandis que les compagnies pétrolières internationales, sans exception, sont des

---

1. Greg Palast, « Secret US plans for Iraq's oil », *BBC News*, 17 mars 2005.

organisations commerciales très pragmatiques. Elles n'ont pas de théologie [1]. »

L'UKRAINE

« Le plus difficile, peut-être, commence pour Viktor Iouchtchenko. Porté par une "révolution orange" populaire et démocratique, le nouveau président ukrainien va devoir [2]... » « La victoire de l'opposant pro-occidental Viktor Iouchtchenko à la présidentielle ukrainienne a été saluée hier par les Européens [3]. » « Viktor Iouchtchenko, chef de file de l'opposition démocratique et âme de la "révolution orange", sera le prochain président d'Ukraine [4]. » Que n'a-t-on vu, entendu et lu sur le magnifique élan démocratique et pacifique des Ukrainiens pendant toute la fin de l'année 2004, sur les stigmates de l'empoisonnement de Iouchtchenko, sur le mauvais perdant que fut Ianoukovitch, l'homme de Moscou ? « Oui, notre homme – Iouchtchenko – et notre système – la démocratie – ont gagné en Ukraine, et une fois de plus le bien a triomphé du mal. Mais cette présentation, caractéristique des médias occidentaux, ignore la question réellement posée [5] » : le pétrole.

On sait peu en effet que dans la partie nord de la mer Caspienne, un énorme gisement d'hydrocarbures, appelé Kashagan, a été découvert en 2000. Il pourrait contenir jusqu'à 30 milliards de barils de pétrole et environ 4 000 milliards de mètres cubes de gaz naturel. Le Kazakhstan

1. *The Energy Bulletin*, www.energybulletin.net, 17 mars 2005.
2. *Libération*, 27 décembre 2004.
3. *Le Figaro*, 28 décembre 2004.
4. *Le Monde*, 28 décembre 2004.
5. Michael Meacher, « One for oil and oil for one », *The Spectator*, 5 mars 2005.

semble pouvoir bénéficier de la majeure partie de cette accumulation[1], malgré des contentieux autour de la propriété territoriale de ces eaux. En effet, la Caspienne est-elle un lac ? Cela obligerait les pays riverains à s'en partager les richesses minérales. Ou bien est-ce une mer ? Elle serait alors divisée en eaux territoriales exclusives. Dans tous les cas, la Caspienne est fermée, et les hydrocarbures qu'elle recèle devront être acheminés par pipes soit vers un port ouvert sur le vaste monde, soit vers leurs lieux de consommation, à l'ouest ou à l'est. Nous avons vu au chapitre 1 que de nombreuses routes sont possibles, toutes sujettes à des contraintes géopolitiques. Par l'Iran vers le Golfe ? Impossible, car l'Iran appartient à l'«axe du mal», renommé «tyrannie» par Condoleezza Rice en 2005. Le contourner à l'est par le Turkménistan, l'Afghanistan (soumis depuis 2001) et le Pakistan vers la mer d'Oman ? Le pipeline Bakou-Tbilissi-Ceyhan vers la Méditerranée est achevé, mais suffira-t-il ? Une autre route est possible, directement du Kazakhstan vers le port de Novorossisk sur la mer Noire, mais elle traverse la Russie. Ennuyeux. De plus, les détroits du Bosphore et des Dardanelles sont déjà embouteillés par les tankers, il y a risque de collision et de marée noire, disent les Turcs. Heureusement, il reste l'Ukraine, pays ami depuis le début 2005, déjà bien irrigué de pipes. Il suffirait de tirer des tuyaux jusqu'au port ukrainien d'Odessa, puis d'emprunter le nouveau pipe Odessa-Brody, de le prolonger vers Plock (près de Varsovie) jusqu'à Gdansk sur la mer Baltique, aujourd'hui morte[2]. En septembre 2002, la compagnie ukrainienne Ukrtransnafta a lancé un appel d'offres pour le pipeline Odessa-Brody, rem-

1. ASPO, newsletter n° 49, janvier 2005.
2. Olivier Truc, « Un désert au fond de la mer Baltique », *Libération*, 28 mars 2005.

porté par les entreprises Nexant Ltd, Ernst & Young et PricewaterhouseCoopers. « Le succès de ce projet conduirait à la diversification des sources d'offre de brut et améliorerait la fiabilité du système mondial de transport de pétrole [1] », écrivent les fonctionnaires européens dans leur langage euphémisé.

Dans quelle direction coule le pétrole dans le pipeline de 674 km entre Odessa et Brody (Ukraine-Ouest) ? Encouragé par les Américains et les Européens, le Parlement ukrainien a accepté la prolongation du pipe jusqu'à Gdansk, en avril 2004, pour acheminer le pétrole de la Caspienne vers l'Union européenne, indépendamment des Russes, mais à condition que les élections de novembre 2004 aient pour issue l'établissement d'un président et d'un gouvernement europhiles. Cependant, en juillet 2004, le président ukrainien Leonid Koutchma a changé d'avis et a fait voter l'inversion du sens du flot dans le pipe Brody-Odessa, afin de transporter le pétrole russe de l'Oural vers la mer Noire. Cette décision ruinait les efforts occidentaux pour draguer l'Ukraine à l'ouest, elle était donc inacceptable. L'Ukraine est un pion stratégique sur l'échiquier eurasien de Brzezinski. Avant l'élection du président Iouchtchenko, le réseau des pipes ukrainiens charriait déjà 75 % des importations européennes de pétrole russe et caspien et 34 % des importations de gaz naturel. Avec la mise en exploitation du champ de Kashagan et d'autres ressources d'Asie centrale, l'Ukraine se devait de passer à l'ouest lors des élections de novembre 2004. Il fallait l'y aider. Les Américains déployèrent la fondation gouvernementale National Endow-

---

1. Voir www.inogate.org. Le programme INOGATE (Interstate Oil and Gas Transport to Europe) organise la coopération internationale pour l'intégration des systèmes de pipes et des infrastructures de transport du pétrole et du gaz de l'Est vers les marchés de l'Ouest européen.

Oléoducs existants
Oléoducs en projet ou en construction
Raffineries
Axes prioritaires proposés pour le pétrole

KAZAKHSTAN

TURKMÉNISTAN

Mer Caspienne

Bakou

AZERBAÏDJAN

ARMÉNIE

IRAN

RUSSIE

GÉORGIE
Supsa

SYRIE

IRAK

UKRAINE

Novorossisk

Mer Noire

TURQUIE
Ceyhan

CHYPRE

BIÉLORUSSIE

Odessa

ÉGYPTE

Brody

ROUMANIE

BULGARIE

GRÈCE

Mer Méditerranée

Gdansk

Płock

POLOGNE

CROATIE

BOSNIE HERZÉGOVINE

SERBIE MONTÉNÉGRO

LIBYE

ALLEMAGNE

TUNISIE

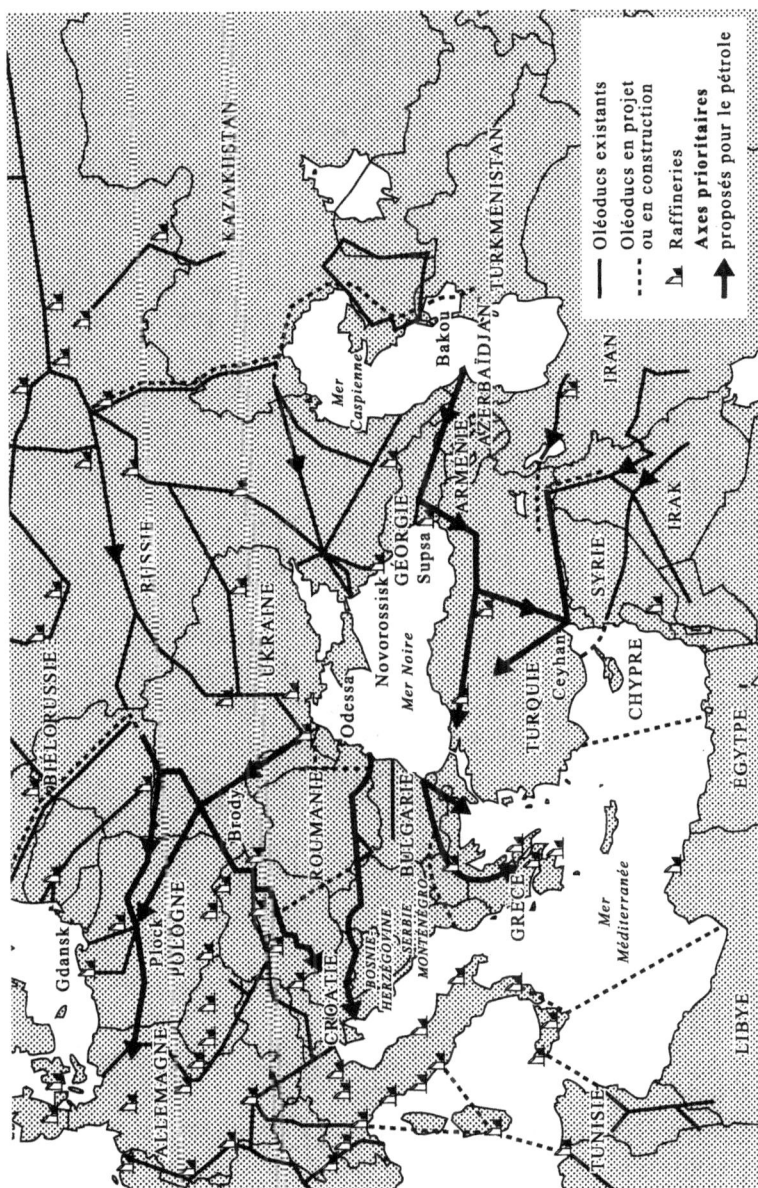

Figure 1. Réseau des pipelines et gazoducs Asie-Europe [1].

1. Inogate.

ment for Democracy (NED) – qui avait déjà servi à renverser Milosevic à Belgrade en 2000 –, la fondation Open Society de George Soros, ainsi que la fondation Carnegie, et, pour la manipulation médiatique, le groupe néoconservateur Freedom House de Washington. Ce dernier groupe est dirigé par l'amiral James Woolsey, ancien de la CIA, et conseillé par Zbigniew Brzezinski. Il a organisé des sondages truqués indiquant une opinion ukrainienne majoritairement en faveur de Iouchtchenko. Parallèlement, les fondations américaines combinaient les manifestations massives « spontanées » de la « révolution orange » à grand renfort de bus remplis de manifestants, hébergés et chauffés dans des centaines de tentes, distraits par les *sound systems*, les shows laser et les écrans plasma. Kiev vaut bien une masse de dollars.

L'enjeu qui s'est dénoué en Ukraine entre 2004 et 2005 n'est donc pas tant une question de démocratie qu'une victoire souterraine des pétroliers occidentaux contre les pétroliers russes et chinois. Les Russes l'ont vite compris. Alexeï Miller est le PDG de la compagnie russe Gazprom, la plus importante entreprise mondiale de gaz naturel, qui fournit, à elle seule, le quart de la consommation européenne de gaz. Le 6 juin 2005, Miller a proposé à Olexeï Ivchenko, PDG de la compagnie nationale ukrainienne d'hydrocarbures Naftogaz, de vendre désormais à l'Ukraine le gaz russe au prix européen, c'est-à-dire à 160 dollars les 1 000 mètres cubes au lieu des 55 dollars d'antan [1].

N'oublions jamais le message de Zbigniew Brzezinski : balkaniser l'Asie centrale, contenir la Russie déclinante et la Chine montante, les isoler des Européens. L'insécurité internationale n'est pas simplement liée au pétrole, elle est

---

1. *MosNews*, 7 juin 2005.

liée à la géographie du pétrole : aux régions de production, aux régions de consommation, aux routes qui les relient.

Comment devenir grand ? En consommant plus de pétrole. En 2004, un Américain dépense 25 barils par an en moyenne, un Japonais 18, un Européen 12, un Terrien moyen 5, un Chinois 1,5, un Indien 1. La Chine et l'Inde émergent, dit-on. Elles n'y parviendront que par l'augmentation de leur consommation de pétrole, réclamée par l'industrialisation, l'urbanisation et la croissance des transports. Si ces deux pays devaient modestement rattraper la moyenne mondiale de consommation de pétrole par habitant et par an – 5 barils –, il faudrait ajouter plus de 8 milliards de barils annuels à la consommation actuelle de 30 milliards, soit une augmentation de plus de 26 %. Si leur ambition était de rattraper les Européens, c'est 25 milliards de barils de pétrole annuels supplémentaires qu'il faudrait extraire, soit une augmentation de plus de 83 %. Bien que même la première de ces ambitions nous paraisse impossible à réaliser, la Chine et l'Inde feront tout pour y parvenir, y compris la guerre.

La Chine était jusqu'alors toujours parvenue à maintenir son autosuffisance énergétique. Ses réserves pétrolières, dont le champ géant de Daqing, découvert en 1959, lui ont permis d'être exportatrice jusqu'en 1993, année au cours de laquelle elle a basculé dans le camp importateur. Aujourd'hui, elle importe plus de 40 % de sa consommation, ce qui change complètement son modèle du monde. La politique des prix entreprise par le gouvernement chinois a protégé les consommateurs naissants contre les hausses des cours du baril sur les marchés internationaux. Les change-

187

ments structurels dans l'industrialisation du pays et la consommation des ménages de la classe moyenne chinoise – l'achat de voitures – poussent à une demande et à une dépendance extérieure accrues. En 2004, plus du tiers de l'accroissement de la demande mondiale de pétrole provient de ce seul pays, soit 840 000 barils par jour[1].

La Chine a déjà investi plus de 15 milliards de dollars dans l'exploration ou les projets pétroliers à l'étranger, et elle projette d'en investir autant chaque année pendant les dix ans à venir. En 2005, plus de 4,5 millions de nouvelles automobiles sillonneront les routes chinoises, après les 2,6 millions de 2004, qui s'ajoutaient aux 10 millions déjà présentes à la fin de l'année 2003. Au total, le pays est aujourd'hui le second importateur de pétrole au monde après les États-Unis ; il consommera 6,5 millions de barils par jour en 2005, un chiffre qui devrait doubler en 2020.

L'Inde présente un profil énergétique futur comparable à celui de la Chine, avec quelques années de retard : 3 milliards de dollars d'acquisitions pétrolières étrangères, 2,2 millions de barils par jour en consommation, des automobiles en nombre croissant. Zheng Hongfei, chercheur en énergie à l'Institut technologique de Pékin, affirme : « Il n'y a pas assez de pétrole dans le monde pour satisfaire la soif de la Chine et de l'Inde[2]. » À l'image des États-Unis, qui accumulent plus de 700 millions de barils de pétrole dans leurs réserves stratégiques, la Chine et l'Inde importent aussi du brut pour constituer rapidement des stocks massifs, à partir des modestes volumes actuels de respectivement 175 et 25 millions de barils.

Cette concurrence de la Chine, qui s'étend jusqu'en Amé-

---

1. *China Business Weekly*, 7 octobre 2004.
2. Jehangir Pocha, « The axis of oil », *In These Times*, 31 janvier 2005.

rique latine, alarme les États-Unis. Ils tentent d'entraver son accès au canal de Panama en jouant sur leur influence traditionnelle auprès de ce pays. La réponse chinoise a été, en décembre 2004, la signature d'un accord de principe avec le Venezuela et la Colombie voisine pour la construction d'un pipeline reliant les champs vénézuéliens de Maracaibo aux ports colombiens de la côte pacifique, dans la province de Choco. « Pour la Colombie, ceci constitue une opportunité de développement de nos débouchés pacifiques qui sont trop rares aujourd'hui [1] », affirme Alfredo Rangel, directeur exécutif de l'entreprise Fundación Seguridad y Democracia à Bogota.

Il ne suffit pas d'avoir beaucoup d'argent pour acquérir des hydrocarbures, il faut aussi nouer des coopérations dans le domaine énergétique et se préparer ensemble aux conflits pour le pétrole contre les voraces occidentaux traditionnels. Un axe Russie-Chine-Inde-Iran essaie d'organiser des accords militaires et un réseau pétrolier sur toute la région asiatique pour contrer la stratégie de dominos des Occidentaux sous l'égide américaine. La Chine et l'Inde ont déjà conclu des contrats pétroliers et gaziers avec le Kazakhstan et la Russie, ainsi que des accords de fourniture d'armements par celle-ci. L'Iran a signé avec Pékin et New Delhi des contrats pétroliers et gaziers à vingt-cinq ans pour des montants de respectivement 150 et 200 milliards de dollars. Inversement, l'Inde et l'Iran ont effectué le premier exercice naval conjoint en septembre 2004, et l'Inde s'est engagée à moderniser les vieux sous-marins russes de type Kilo de l'Iran, ainsi que ses avions Mig. La Chine et l'Inde tentent aujourd'hui de contrecarrer les attaques occidentales contre le programme nucléaire iranien d'origine russe. « Nous

---

1. Robert Willis, « Colombia, Venezuela discuss pipeline for China sales », *Bloomberg*, 9 novembre 2004.

assistons au début d'une guerre des enchères entre l'Est et l'Ouest pour l'accès au pétrole du Moyen-Orient. Des alliances se forgent entre des entités asiatiques et des entités moyen-orientales pour le long terme. Il est important que notre gouvernement en prenne conscience », déclare Dave O'Reilly, PDG de ChevronTexaco, lors d'une conférence sur l'énergie à Houston (Texas). Il ajoute : « L'époque au cours de laquelle nous pouvions compter sur le pétrole et le gaz bon marché se termine [1]. »

Pendant ce temps, les affaires continuent. Les secteurs pétroliers de la Chine et de l'Inde s'ouvrent aux investisseurs étrangers. « Les investisseurs occidentaux vont aider les compagnies pétrolières chinoises à devenir des joueurs de classe mondiale », dit tranquillement Sharon Hurst, directeur, à Pékin, de la compagnie ConocoPhillips, le plus important raffineur des États-Unis. Le géant américain ExxonMobil, qui détient 19 % de la compagnie pétrolière nationale chinoise Sinopec, s'apprête à aider celle-ci à bâtir cinq cents stations-service à travers le pays et à construire deux raffineries en Chine du Sud [2]. Est-ce là le « doux commerce » du pétrole, source de coopération économique et de paix, comme le croient certains depuis Montesquieu jusqu'à Albert Hirschman [3], ou bien le motif central de conflits et de guerres ?

---

1. Deepa Babington, « ChevronTexaco warns of global bidding war », Reuters, 15 février 2005.
2. Jehangir Pocha, « The axis of oil », *op. cit.*
3. Albert O. Hirschman, *Les Passions et les intérêts*, PUF, Paris, 1980.

LES MULTITUDES

Dans les milieux qui se qualifient eux-mêmes de « progressistes », il est peu courant de parler de démographie, et assez disqualifiant d'émettre quelques hypothèses sur le trop grand nombre que nous serions sur terre, sous peine d'être assez rapidement catalogué comme « malthusien », voire « eugéniste ». Ces milieux s'en tiennent à la théorie de la « transition démographique » des Nations unies, selon laquelle, vers 2050, l'espèce humaine atteindra environ 9 milliards d'individus et se stabilisera ou déclinera lentement du fait de son vieillissement, tandis que l'alphabétisation des filles et les avancées de la médecine d'un côté, la croissance économique et les transferts de technologies de l'autre permettront enfin au plus grand nombre de vivre décemment. Force est pourtant de souligner que le nombre d'individus d'un pays doit être en outre multiplié par son empreinte écologique [1] pour évaluer plus rigoureusement son impact sur la biosphère. De ce point de vue, un Américain vaut ainsi deux Européens, sept Chinois, dix Kenyans ou encore quatorze Indiens ; en d'autres termes, les États-Unis sont deux fois plus « peuplés » que la Chine et trois fois plus que l'Inde. Enfin, l'espèce humaine a dépassé la capacité de charge de la planète en 1980, de sorte que nous nous dirigeons vers un effondrement des grands cycles géo-bio-physico-chimiques de sustentation de la vie.

Toutes les espèces vivantes augmentent le nombre de leurs individus et étendent leur territoire autant que les ressources disponibles, les prédateurs et les parasites le permettent. L'espèce humaine a suivi cette règle mieux que toute autre au moyen d'une innovation originale : l'utilisa-

---

1. WWF, rapport « Planète vivante », Gland, Suisse, 2002, www.wwf.fr/empreinte_ecologique/planetviv02.pdf.

tion d'une énergie extérieure à celle du corps. La première et la plus importante est l'énergie du feu. Pendant des centaines de milliers d'années, le bois en fut la seule matière première. Puis, au début du XVIIIe siècle, l'utilisation du charbon anglais en métallurgie a fondé la révolution industrielle en décuplant la densité énergétique du combustible. Avec le pétrole et le gaz naturel, les combustibles fossiles assurent aujourd'hui 80 % de la consommation d'énergie primaire du monde. Cette dernière équivaut au travail quotidien de plus de trois cents milliards d'êtres humains, comme si chaque personne sur terre avait à sa disposition cinquante esclaves, certains en ayant plus que d'autres, bien sûr. Nous avons vu qu'aucune autre source d'énergie ne peut remplacer rapidement les fossiles, et que même une politique drastique d'économie d'énergie et de mise en œuvre massive des renouvelables aura du mal à éviter une relative pénurie après le passage du pic de Hubbert du pétrole.

Dans l'immensément complexe cycle du carbone, l'aval, désormais connu sous l'appellation de « changement climatique », est aujourd'hui l'objet d'une certaine attention, voire de quelques faibles décisions destinées à réduire les épisodes climatiques extrêmes qui se profilent ou à s'adapter à eux. Mais le changement climatique, bien que rapide au regard des temps géologiques, est dix fois plus lent que l'amont du cycle du carbone, c'est-à-dire le pic de Hubbert, le Peak Oil. Si celui-là se mesure en décennies, celui-ci se mesure en années. Nous ne sommes plus dans la prévision, nous sommes dans le compte à rebours.

Comment penser socialement le déclin de l'énergie bon marché ? Au fur et à mesure que s'accentueront la rareté et la cherté de l'énergie, les gouvernements essaieront dans un premier temps de satisfaire les besoins vitaux des populations, au premier rang desquels l'alimentation et la santé. Pour les budgets des États comme pour ceux des ménages, ces dépenses croîtront au détriment d'activités moins essentielles telles que le tourisme ou les loisirs, qui perdront ainsi des millions d'emplois en Europe. La récession puis la dépression provoqueront des dynamiques sociales imprévisibles. Cependant, quelle que soit l'évolution de telle ou telle société, les humains demeurent soumis à la nécessité de satisfaire régulièrement la faim et d'assurer les conditions de leur santé, sous peine de mourir. D'ailleurs, ils meurent déjà par millions, d'inanition ou de maladies, dans certaines périphéries du monde. Dans les zones centrales, l'alimentation et la santé des multitudes qui vivent dans les villes sont entièrement dépendantes, tous les jours, des longues chaînes agroalimentaires mondialisées. La déplétion et la cherté des ressources énergétiques peuvent provoquer des ruptures ponctuelles ou structurelles sur l'un ou l'autre maillon de ces chaînes, et jusqu'à des famines ici ou là. De même, des pénuries énergétiques fragilisent le système de santé à l'occidentale, et la densité démographique est un terrain fertile pour la propagation de maladies contagieuses lorsque les conditions d'hygiène et de soins se dégradent. La conséquence la plus dramatique et la plus inimaginable de la hausse des coûts de l'énergie sera la forme et l'intensité des tensions et des conflits sociaux engendrés par la détérioration générale des conditions de vie. Les difficultés croissantes d'accès aux biens et services seront l'objet de multiples affrontements, de crimes plus ou moins organisés et jusqu'à de possibles guerres civiles, malgré le probable raidissement autoritaire des gouvernements. Les mécanismes élémentaires de la survie en milieu hostile provoqueront sans doute quelques oscillations entre la solidarité de proximité et la haine envers ceux qui sembleront mieux protégés.

Les événements violents consécutifs au pic de Hubbert ne peuvent être décrits aisément et calmement. Comment dépeindre le chaos ? Les populations commenceront sans doute par critiquer leur gouvernement, ou par trouver quelques boucs émissaires, lorsque les conditions de leur survie biologique, notamment l'accès régulier à l'alimentation, ne seront plus garanties. Il est probable que les pays exportateurs de pétrole réduiront leurs exportations ou les interrompront afin de conserver plus longtemps pour eux-mêmes la puissance énergétique. Les pays importateurs souffriront alors plus vite de cette pénurie, qui les entraînera vers l'effondrement économique et social.

Où aller pour trouver à boire et à manger ? Nous n'avons plus de parents fermiers à la campagne chez lesquels nous réfugier comme nous l'avons fait au cours de la débâcle de 1940. Nous n'avons plus un ailleurs inexploré comme l'avaient jadis quelques hordes ou civilisations, émigrant massivement lorsque la pression démographique sur le territoire traditionnel dépassait sa capacité de charge écologique. Que nous restera-t-il hormis la violence ? Comment celle-ci se propagera-t-elle ? À la manière des Hutus et des Tutsis au Rwanda, par division de la société en catégories ethniques, religieuses, en classes ? Par l'affrontement jeunes contre vieux, urbains contre ruraux ? Comment réagira notre gouvernement ? Interdira-t-il les manifestations ? Fera-t-il tirer sur la foule ? Décidera-t-il de qui vivra et de qui mourra ?

CHAPITRE 8

Réduire l'inévitable choc

La plupart des critiques de cinéma n'ont pas aimé *Le Temps du loup*, du réalisateur autrichien Michael Haneke, sorti en France à l'automne 2003. Trop édifiant, sombre, surjoué. Une famille aisée banale – les parents, deux enfants – vit un drame en arrivant dans sa maison de campagne. Le père est tué par un couple de squatters. La mère s'enfuit avec sa fille et son jeune fils pour chercher du secours dans un village ordinaire désormais fermé à leurs sollicitations. Ils se retrouvent tous trois dans une campagne indéfinie, bientôt suivis par un adolescent sauvage. Ils atteignent enfin un hangar anonyme, au bord d'une voie ferrée, dans lequel un microcosme d'une cinquantaine de personnes tente de survivre en attendant le passage d'un train improbable. Y a-t-il eu une guerre ? Une catastrophe ? Peu importe. Sans pathos, sans spectaculaire hollywoodien, Michael Haneke nous pose les questions : « Quel serait mon comportement, et celui de mon voisin ? Comment ferions-nous face à un changement aussi radical ? Quelle est l'épaisseur de notre vernis de civilisation ? Jusqu'à quand nos "valeurs éternelles" tiendraient-elles le coup ? Comment nous comporterions-nous les uns avec les autres dans une situation difficile ? Voilà ce que j'ai essayé d'aborder dans *Le Temps du loup*. » Nous y sommes. Le hangar, c'est la Terre.

Que nous le voulions ou non, le pic de Hubbert changera

l'ensemble de notre vie. Les incertitudes concernant les réserves, l'étroitesse des marges de production des pays exportateurs, les issues des guerres pour le pétrole, tout cela restera aléatoire, flou, inconnu. Nous ne connaîtrons jamais les « vrais chiffres ». Seuls se signaleront les cours erratiques du baril sur le marché de New York. Le pic se manifestera-t-il par des cours sinusoïdaux élevés comme la progression d'un wagonnet sur des montagnes russes ? Ou comme une tendance régulièrement croissante affectée çà et là par de petites fluctuations à la baisse ? Ou encore par une hausse spectaculaire consécutive à une panique boursière due à une rupture brutale d'approvisionnement ? Nul ne peut le savoir. Mais, parmi toutes les incertitudes, ce cours sera notre repère le plus fiable. Répétons-le une dernière fois : nous ne parlons pas ici de la « fin du pétrole », mais de la « fin du pétrole bon marché ». Cela sera, hélas, suffisant pour provoquer d'énormes instabilités économiques et sociales, pour disloquer les pouvoirs politiques et provoquer des guerres. Malgré les avertissements hurlés par quelques-uns, les responsables économiques et politiques n'ont pas anticipé la situation qui s'annonce. Le choc est inévitable. Il n'y a pas de plan B[1].

Il n'existe qu'une demi-solution : la sobriété immédiate, pour réduire quelque peu les effets dévastateurs du pic en repoussant son arrivée. Chacun d'entre nous doit examiner la manière dont nous allons agir aujourd'hui pour diminuer la sévérité des dommages et faire en sorte que la démocratie et la solidarité soient encore les principes cardinaux de

---

1. Lester Brown, *Plan B : Rescuing a Planet Under Stress and a Civilization in Trouble*, Earth Policy Institute, Washington DC, 2003. L'auteur y développe des orientations basées sur la gestion de l'eau et la production alimentaire, en sous-estimant, à mon avis, la question de la disponibilité énergétique. Il semble croire à l'« économie hydrogène » chère à Jeremy Rifkin, ce qui n'est pas mon cas.

l'évolution des sociétés à long terme. Car l'indisponibilité croissante des hydrocarbures bon marché n'offre pas, depuis l'échelon l'individuel jusqu'à l'échelon planétaire, d'autres choix politiques que cette voie de sobriété, c'est-à-dire la réduction stricte et continue de la consommation énergétique des pays de l'OCDE. Les autres politiques nous conduiraient à la barbarie et à la guerre.

Imaginons que les pays riches ne choisissent pas la sobriété. Qu'adviendrait-il pendant la décennie 2010-2020, après le passage du pic de Hubbert et la montée en flèche des prix de l'énergie ? L'agriculture et l'alimentation productivistes ne survivraient pas à la fin du pétrole bon marché. Les grandes chaînes agroalimentaires et de distribution continentales seraient en voie d'extinction. Ce serait la fin de Carrefour et de Champion, de Leclerc et de Monoprix, des courses hebdomadaires faciles en grande surface. La fin de McDonald's et de Buffalo Grill, de la Grande Épicerie de Paris et de ses produits toutes saisons, tous continents. L'alimentation coûterait plus cher et serait moins variée, elle serait plus saisonnière et plus locale, moins carnée, plus céréalière. Les groupes humains urbains ne se maintiendraient qu'en ayant des relations directes avec des zones agricoles proches. De grandes difficultés alimentaires attendraient les conurbations sans arrière-pays de polycultures durables. La viabilité de l'Île-de-France serait en question. Fuir les villes ? Dépeupler Paris, Lyon et Marseille ? Peut-être. Nous serions amers de nous être moqués de l'agriculture albanaise, qui emploie encore aujourd'hui la moitié de la population active de ce pays et continue de nourrir tant bien que mal ses habitants par une production liée à la traction animale, écoulée sur les marchés locaux. La politique agricole commune (PAC) ne durerait guère. La majorité de notre alimentation serait produite non loin de chez nous. L'agriculture utiliserait moins d'engrais N-P-K d'importation, moins de pesticides, moins de machines. Elle deviendrait plus intensive en travail humain alors que les rendements à l'hectare baisseraient. Nous verrions l'installation de nombreuses familles sur de petites fermes aujourd'hui délaissées par le productivisme et l'exode rural. Tout ce qui ressemble à une organisation basée sur le transport bon marché à longue distance aurait du mal à subsister, hormis les armées pendant quelque temps. Cela n'épargnerait pas les grandes entreprises transnationales occidentales, dont les productions sont aujourd'hui délocalisées au Sud pour profiter de normes sociales et environnementales minimales. Fin de PSA et de Renault, d'Alcatel et de Vivendi Universal, fin de L'Oréal et de LVMH, qui ont tant fait rêver nos contemporains pendant les dernières années exubérantes de la fête du pétrole bon marché. Seraient aussi touchées les institutions internationales lourdement dépendantes des voyages fréquents de leurs technocrates et de leurs élus. L'Union européenne elle-même persisterait difficilement. Trop grande échelle, trop de complexité, trop de déplacements. Les gouvernements nationaux s'affaibliraient aussi, incapables de gérer le déclin des flux de matières et d'énergie, la contraction inévitable des transports de personnes et de marchandises. Fin des *low cost* et des charters, des EasyJet et RyanAir, abandon des Jeux olympiques de 2012 et de la Coupe du monde de football de 2014. Les institutions centralisées de la France se déliteraient sans doute pour laisser le pouvoir aux régions ou, plus vraisemblablement, aux cantons. Nous aurions l'immense tâche de retisser les liens économiques et sociaux locaux, presque entièrement détruits depuis 1945. Nous devrions retrouver les pratiques oubliées de la subsistance alimentaire, les circuits courts de l'échange de biens, le troc d'un lapin contre une carpe. La vie sociale se reconstruirait éventuellement autour des petites villes et des villages, proches des cultures et des poulaillers, si les événements extérieurs à ces communautés humaines locales le permettent. Elle serait en tout cas rivée à la production alimentaire. Il s'agirait de rester là où nous sommes plutôt que de songer à la mobilité. Contraints de ne plus connaître que les parages de notre domicile, le souci de la qualité des ressources naturelles de notre voisinage serait permanent. Question de survie. Que puis-je manger de sain ? Cette eau est-elle polluée ? Où puis-je trouver des vêtements ? Comment me chauffer l'hiver prochain ?

Nous n'avons aucun imaginaire, aucune sensation, aucune expérience d'un tel déclin. Tous les exemples historiques qui nous viennent spontanément à l'esprit – la grande dépression américaine après 1929, la débâcle française en 1940 – n'ont plus de pertinence comparative : l'organisation du monde actuel est telle, avec ses innombrables réseaux de sustentation de la vie, si entrelacés, si mutuellement dépendants, si globalisés, même à l'échelon le plus local, que toute solution simple type retour massif à la terre apparaît comme irréalisable dans l'immédiat.

Dans les paragraphes suivants, je tenterai néanmoins un exercice de prospective susceptible de provoquer des changements dans les représentations qu'une société a de son futur. À la différence de la méthode des scénarios contrastés, qui expose plusieurs avenirs possibles selon les évolutions de certains paramètres écolo-socio-économiques, mon exercice décrira un seul avenir tendanciel basé sur l'objectif unique de sobriété énergétique. Pour en simplifier la présentation, il partira de l'échelon individuel et local pour finir à l'échelon mondial, depuis des assertions visionnaires jusqu'aux propositions concrètes.

199

QUE FAIRE À L'ÉCHELON INDIVIDUEL ET LOCAL ?

Il n'y a pas de solutions individualistes aux problèmes dont nous traitons. Le déclin, voire l'effondrement, des grandes infrastructures entremêlées que nous avons construites au XXᵉ siècle ne permet pas non plus d'entrevoir des solutions sur une vaste échelle territoriale. C'est donc à l'échelle locale et régionale que nous pouvons envisager la réorganisation complète de la vie individuelle et collective, en supposant que les manifestations de violence qui ne manqueront pas de se produire nous permettent de la mettre en œuvre durablement. L'une des différences importantes avec notre mode de vie actuel sera ainsi le recentrage de nos activités et de nos préoccupations sur le local.

Dès aujourd'hui, nous devons nous impliquer dans la vie municipale en participant aux élections, en assistant aux réunions du conseil, en devenant membre d'une association de citoyens ayant pour objectif un aspect ou un autre de la sobriété : plus de place pour la marche à pied et les pistes cyclables, moins pour les voitures ; plus de commerces de proximité variés, moins de grandes surfaces ; plus de petits immeubles, moins de tours ; plus de services proches, moins de zonage urbain, etc.

De nombreuses associations, locales ou non, proposent déjà des solutions pour économiser l'énergie et réduire notre impact sur l'environnement. Ainsi, la Fondation Nicolas Hulot et l'Agence de l'environnement et de la maîtrise de l'énergie (ADEME) ont lancé une initiative conjointe – le « Défi pour la Terre » – destinée à modifier nos comportements quotidiens par des gestes concrets. Elles recensent une centaine de ces gestes élémentaires que nous pouvons mettre en œuvre immédiatement, à la maison et à l'extérieur [1].

---

1. Voir www.defipourlaterre.org.

Une deuxième initiative – mille autres sont possibles – est la constitution, partout en France, d'associations pour le maintien d'une agriculture paysanne (les AMAP). Il s'agit d'une manifestation concrète de l'indispensable rupture que doit effectuer chacun d'entre nous avec l'approvisionnement alimentaire dans les grandes chaînes de distribution. Une AMAP n'est autre que l'association de quelques dizaines de familles de consommateurs se regroupant pour l'achat direct de proximité auprès d'un agriculteur fournissant une production de qualité, souvent biologique, et s'investissant dans une démarche pédagogique, tandis que les familles associées s'engagent à préfinancer la production agricole (vente par souscription) quels que soient les aléas climatiques. Nous retrouvons là les principales orientations d'une alimentation soutenable à long terme : plus locale, plus saisonnière, plus végétale. Concrètement, chaque famille achète à l'avance sa part de la récolte maraîchère (il y a peu de viande), puis se déplace jusqu'au lieu de distribution hebdomadaire convenu pour récupérer un panier de fruits et légumes pendant la saison de production[1]. Un premier pas vers l'autosuffisance alimentaire locale.

Selon l'endroit où nous habitons, nous pourrons aussi cultiver un jardin avec fruits et légumes, organiser des potagers partagés[2], des jardins familiaux[3], une coopérative alimentaire, un système d'échange local[4]. Mieux vaudra vivre à plusieurs pour s'entraider. Mieux vaudra connaître ses voisins et organiser avec eux la vie de proximité. Les conseils de quartier actuels seront moins des chambres de

---

1. Voir http://alliance-idf.ceres91.net.
2. Voir www.paris.fr/fr/environnement/jardins/animations_jardins/jardins_partages/Brochure_jardins_partages.pdf.
3. Voir www.jardins-familiaux.asso.fr.
4. Voir www.selidaire.org/spip.

doléances adressées au conseil municipal que des assemblées de résolution autonome des problèmes locaux.

Concernant le chauffage et la cuisine, par exemple, il sera préférable de réfléchir en termes de chaudière et de cuisinière à bois, ravitaillées par un circuit local d'exploitation durable de la forêt, plutôt que d'espérer une fourniture régulière de gaz naturel, de fioul domestique ou d'électricité. Le préalable doit être, bien sûr, l'isolation la plus poussée possible de l'habitat et l'éventuelle architecture bioclimatique passive de celui-ci. Il serait imprudent de rêver à des objets technologiques mondialisés tels que les cellules photovoltaïques ou les éoliennes pour fournir l'électricité. La moindre panne nous laisserait démunis après la disparition des services de réparation et de maintenance. Plus généralement, le choix de telle ou telle technologie pour assurer telle ou telle fonction de base (se nourrir, se vêtir, se loger, se chauffer, se déplacer...) devra être fait « sans regret », c'est-à-dire être le meilleur en termes de soutenabilité à long terme pour soi et pour la planète. Autrement dit, il dépendra de l'accessibilité durable à des ressources locales renouvelables en fonction du territoire, en ne comptant que marginalement sur l'accessibilité à des objets en provenance du lointain.

Ces choix seront effectués et organisés par les communautés humaines rassemblées sur un territoire local, par une démarche vers l'autosuffisance et la soutenabilité, c'est-à-dire tels qu'ils puissent encore être renouvelés dans un siècle par les « générations futures ». Nous n'entendons pas le terme « communauté » au sens où l'on parle aujourd'hui, en Europe, des « communautés turques » ou « juives » ou « maghrébines ». Il s'agit ici de communautés géographiques, des êtres humains habitant sur une aire définie de petite dimension, quelle que soit l'origine culturelle de chacun. La première des nécessités étant de boire et manger sainement, l'organisation des communautés sera centrée sur l'agriculture plutôt que sur l'industrie, sur les biens disponibles sur les marchés locaux plutôt que sur les objets mondialisés aujourd'hui courants. À rebours de notre époque où la majorité des biens et services dont nous disposons proviennent de grandes chaînes mondialisées au prix du gaspillage des ressources, les communautés agraires seront des sociétés de sobriété, des sociétés économes. Nous nous intéressons à l'économie physique (matières et énergies) qui soutient ces communautés, parce que les besoins physiques de tout groupe humain sont les mêmes : boire, manger, se vêtir, se loger, se chauffer. Cependant, une communauté durable ne vit pas au simple rythme du métabolisme de ses membres. L'ensemble des relations humaines s'y déploie pour former une société complète, depuis l'organisation des pouvoirs jusqu'aux dimensions culturelles et aux valeurs morales communes. Autant de communautés, autant de « petits mondes », sans que nous puissions désormais rêver à un « monde commun » continental ou planétaire, auquel aspirait Hannah Arendt il y a cinquante ans [1].

Les communautés locales ne relèvent nullement pour moi d'une sorte de nostalgie de la douceur de vie rurale qui n'a jamais existé. Elles ne constituent pas non plus, comme certains ne manqueront pas de le souligner, un projet politique volontariste et ambigu de « retour à la terre », entre le pétainisme et le babacoolisme, entre Mao et Pol Pot, entre les cisterciens et les Amish. Elles ne sont que, dans le monde réellement existant en approche du triple choc, la seule solution organisationnelle permettant d'atténuer les conséquences meurtrières de l'événement, de maintenir les valeurs et les pratiques de la démocratie et de la solidarité.

---

1. Hannah Arendt, *Condition de l'homme moderne*, Calmann-Lévy, Paris, 1983.

Nous n'avons tout simplement pas d'autre choix. Ces communautés sont tout à la fois nécessaires et désirables. Nécessaires parce que l'accélération des modes de vie productivistes des centres du système-monde est écologiquement, biologiquement et énergétiquement insoutenable. Et désirables parce qu'elles permettent de respecter notre morale de partage des ressources avec les populations des pays pauvres et de retisser ici les liens sociaux détruits par la mondialisation. Le petit milliard et demi d'habitants des pays de l'OCDE doit diviser par dix sa consommation d'énergies fossiles, c'est-à-dire ses extractions et ses émissions de carbone, tandis que quatre ou cinq autres milliards d'habitants les augmenteront. Les prétendues solutions passant par plus de marché et plus de technologie ont échoué, comme le démontrent les statistiques de l'évolution matérielle du monde depuis cent cinquante ans. Quelles alternatives aux sociétés de sobriété peuvent être pensées, imaginées, proposées pour tenir ces engagements de division par dix ?

Les qualités du monde physique dans lequel une communauté pourra vivre seront le durable plutôt que l'éphémère, le renouvelable plutôt que l'extractif, l'organique plutôt que le mécanique. Nos technologies seront des outils plutôt que des machines. Nos transports seront collectifs plutôt qu'individuels. Notre nourriture sera biologique plutôt qu'industrielle. Quant aux autres dimensions – politique, sociale, psychologique, morale, économique... –, je ne peux guère que les résumer par la voie de l'abandon du consumérisme ostentatoire contemporain au profit de l'élégance de la frugalité partagée. « Moins de biens, plus de liens », disent les apôtres de la décroissance [1].

Bien que ma posture matérialiste m'ait principalement

1. Voir www.decroissance.org.

conduit, depuis le début, à des considérations et à des raisonnements sur l'ordre physique pour conclure à la nécessité des sociétés de sobriété, l'aridité même de ces assertions et l'apparente rigueur monacale de ces sociétés pourraient décrédibiliser l'ensemble du propos. Où sont les relations humaines et sociales ? Le désir et le plaisir ? La simple joie de vivre ? Ces dimensions de l'être en société ne sont-elles pas aussi universelles et indispensables que les trivialités physiologiques dont nous avons beaucoup parlé ? Si, bien sûr, et elles ne disparaîtront pas. Mais il est difficile de les évoquer parce qu'elles n'obéissent à aucune des règles élémentaires qui s'imposent dans l'ordre de la nécessité biologique. Ces dimensions proprement humaines ne prendront consistance que dans le mouvement même de formation des communautés, dans le tourbillon des interactions réelles qui s'y dérouleront, cadrées par les valeurs de la démocratie, de la solidarité et de la paix à sauvegarder.

Néanmoins, les réalités de certaines sociétés bouleversées par l'histoire récente – en Amérique latine, en Afrique, dans le Caucase et les Balkans... – montrent que les bons sentiments et les grands principes ne suffisent pas à empêcher la prolifération des mafias et des gangs de toutes sortes ou, à une plus grande échelle, à contenir l'avidité des centres du système-monde pour les dernières richesses accessibles du sous-sol planétaire, où qu'elles se trouvent. La description des communautés désirables que je poursuis devra donc toujours être accompagnée dans nos esprits par les images du « côté obscur » de l'humanité, tapi au fond de chacun d'entre nous, parfois organisé en bandes de maraudeurs, de pilleurs et de tueurs.

L'hyperbourgeoisie [1] mondiale, qui fascine les classes

---

1. Denis Duclos, « Naissance de l'hyperbourgeoisie », *Le Monde diplomatique*, août 1998, pp. 16-17.

moyennes européennes et américaines, a transformé le capitalisme industrieux de nos grands-parents en un modèle colonisateur des esprits par la promotion de valeurs prétentieuses : la férocité du marché et la philanthropie compassionnelle, l'individualisme consumériste et le déterminisme technologique, le libéralisme anti-étatique et l'arrogance élitiste[1]. Ces gens-là, nos héros, sont urbains et décontractés, chics et sophistiqués, ils sont distingués, brillants, « tendance ». À l'inverse, les paysans et les villageois sont provinciaux et lourds, butors et indigènes, ce sont des péquenauds, des ploucs, des rustres. Tel est l'imaginaire collectif contemporain. À tort. Les agriculteurs sont aujourd'hui l'une des catégories les plus méprisées et les plus exploitées. Cet irrespect leur coûte cher en souffrance aujourd'hui, elle nous coûtera cher en souffrance demain.

QUE FAIRE À L'ÉCHELON RÉGIONAL ?

La première de nos responsabilités est de décrire la situation sans escamoter la vérité. Même s'il convient de réfléchir à la façon de communiquer sur une question aussi vaste que le triple choc et ses conséquences, je suis persuadé que des contorsions sémantiques édulcorées ou de futiles baguenaudes seraient d'illusoires soulagements à un mal qui réclame un remède de cheval. La contraction inévitable de l'économie et du commerce mondial conduira à une certaine relocalisation de nombreuses activités pour la survie des sociétés. Une réflexion à l'échelon régional me paraît la plus juste pour décrire les grandes lignes d'une réorganisa-

---

1. Richard Barbrook et Andy Cameron, *The Californian Ideology*, Hypermedia Research Center, University of Westminster, Londres, 1995.

tion sociale susceptible de maintenir quelques valeurs de civilisation. Cet exercice prospectif avait été entamé en France il y a près de trente ans, puis il est tombé dans l'oubli.

En février 1978, le groupe de Bellevue, réunissant des chercheurs impliqués dans les énergies renouvelables (CNRS, Collège de France, EDF, INRA...), publia le projet Alter français, première tentative pour penser un avenir énergétique à long terme (2050) axé sur le potentiel renouvelable de notre pays. Il s'ensuivit quelques projets Alter régionaux (Bretagne, Jura, Gironde), puis, en juillet 1981, un projet Alter 2, beaucoup plus ambitieux. Hélas, malgré la qualité de ces travaux inauguraux, l'œuvre se délita par dispersion de ses acteurs dans les structures mitterrandiennes en cours de constitution.

Vingt-cinq ans après, la situation énergétique mondiale et française étant plus critique que jamais, nous devons esquisser à nouveau des projets Alter montrant la voie vers un régime à long terme tout renouvelable, indiquant les moyens immédiats de la nécessaire transition énergétique, suscitant l'espoir de voir naître des sociétés de sobriété, sans pétrole et sans nucléaire. Le travail est immense car, s'il existe déjà de nombreux scénarios énergétiques alternatifs (NégaWatt, Global Chance, Cler [1]...), aucun n'immerge ses calculs dans une perspective sociale globale. Les Agendas 21, issus du Sommet de la Terre de Rio (1992), ont cette ambition, mais ils sont encore peu nombreux et souvent décevants.

---

1. NégaWatt, www.negawatt.org. Global Chance, 17 ter rue du Val, 92190 Meudon. Cler, www.cler.org.

Sociétés de sobriété

Le processus de sociétés de sobriété peut être succinctement décrit comme une perspective d'autosuffisance décentralisée, par décroissance des échanges et des consommations de matières et d'énergie, une mobilisation générale des populations des pays de l'OCDE autour d'une sorte d'économie de rationnement organisé et démocratique. Cette définition concentrée doit être longuement dépliée, en commençant par parler de sociétés de sobriété au pluriel. En effet, l'une des conséquences fatales de la crise énergétique sera la démondialisation. Autrement dit, à rebours de la tendance actuelle à l'uniformisation des modes de vie productivistes, le monde après Hubbert se différenciera de nouveau dans l'incertitude des évolutions régionales créées par les surprises de l'histoire et les volontés individuelles et collectives.

Cependant, quatre thèmes peuvent structurer l'espace en devenir des sociétés de sobriété : l'autosuffisance locale et régionale, la décentralisation géographique des pouvoirs, la relocalisation économique et le protectionnisme, la planification concertée et le rationnement. Ces quatre thèmes se déploient en orientations d'économie politique physique (matières + énergies) dans la liste exhaustive des agrégats suivants [1] : Agriculture, chasse, sylviculture ; Pêche, aquaculture, services annexes ; Extraction de produits énergétiques ; Extraction de produits non énergétiques ; Industries agricoles et alimentaires ; Industrie textile et habillement ; Industrie du cuir et de la chaussure ; Travail du bois et fabri-

---

1. Nous énonçons simplement ici la liste des trente et une sous-sections de la nomenclature d'activités française (NAF 31) publiée par l'INSEE en janvier 2003. Cette liste est cohérente avec la nomenclature d'activités de l'Union européenne.

cation d'articles en bois ; Industrie du papier et du carton, édition et imprimerie ; Cokéfaction, raffinage, industries nucléaires ; Industrie chimique ; Industrie du caoutchouc et des plastiques ; Fabrication d'autres produits minéraux non métalliques ; Métallurgie et travail des métaux ; Fabrication de machines et équipements ; Fabrication d'équipements électriques et électroniques ; Fabrication de matériel de transport ; Autres industries manufacturières ; Production et distribution d'électricité, de gaz et d'eau ; Construction ; Commerce, réparations automobile et d'articles domestiques ; Hôtels et restaurants ; Transports et communications ; Activités financières ; Immobilier, location et services aux entreprises ; Administration publique ; Éducation ; Santé et action sociale ; Services collectifs, sociaux et personnels ; Activités des ménages ; Activités extraterritoriales.

Cette liste exhaustive incite à la création, dans chaque territoire régional, de trente et un groupes de travail politiques chargés de concevoir l'évolution de chacune de ces activités dans le monde postcarbone des sociétés de sobriété, entre réalisme technique et imagination sociale. Les nouveaux rôles des assemblées locales – conseils municipaux, généraux, régionaux – seront le dialogue constant avec les populations concernées et le maintien de la cohérence entre les propositions des groupes de travail. Que deviendront, par exemple, les cafés, restaurants et hôtels d'un territoire lorsque le tourisme déclinera du fait de la cherté croissante des transports ? La Bretagne – moins de 3 millions d'habitants – est la première destination des séjours à la mer du marché français [1]. Chaque année, plus de 12 millions de touristes et de vacanciers fréquentent cette région, dont seulement 15 % en provenance de la Bretagne

---

1. Observatoire régional du tourisme de Bretagne, 1 rue Raoul Ponchon, 35069 Rennes Cedex.

elle-même, mais plus de 20 % d'étrangers. Les milliers d'établissements d'accueil emploient 25 000 personnes en moyenne annuelle, plus du double aux mois de juillet et d'août. Quel sort attend ces salariés si le tourisme baisse fortement dans les dix ans à venir ?

• **Autosuffisance locale et régionale**

L'autosuffisance concerne l'indépendance économique, au sens physique de « produire ce que l'on consomme ». Les premiers secteurs organisés pour l'autosuffisance régionale devront être l'agriculture et l'alimentation, l'énergie et les transports, de telle sorte que l'ensemble humain régional soit capable de survivre assez longtemps en autarcie dans ces domaines, quitte à importer, dans d'autres, quelques biens en échange d'un superflu agricole ou énergétique (cas des régions voisines de l'Île-de-France, par exemple).

Ces échanges interrégionaux seront nécessaires pendant la période de transition vers l'équilibre régional, notamment du fait de la différenciation économique (démographique, technologique, culturelle...) et naturelle (ressources, écologie, géographie...) entre les régions actuelles. Cet équilibre régional est conçu comme un moyen de sécurisation des populations contre le choc énergétique rapproché, de résistance à la domination des firmes transnationales, de respect des écosystèmes locaux et de la biosphère.

• **Décentralisation géographique des pouvoirs**

La décentralisation des pouvoirs, c'est-à-dire l'équilibre régional visé, sera mesurée par le niveau de maîtrise des habitants sur le fonctionnement et l'évolution du territoire, notamment sur les cycles naturels de sustentation de la vie (eau, carbone, azote, phosphore...). Pour le dire en termes marxistes – ce qui fera plaisir à certains –, les problèmes de répartition du pouvoir posés par l'exercice de cette maîtrise sont indissociables des rapports de production et de consommation, de l'équilibre de l'offre et de la demande sur les marchés locaux, du système de prix intérieur. Si nous voulons accueillir le futur sur un territoire tel que celui de l'Île-de-France, où j'habite aujourd'hui, nous devons être capables de penser le temps long dont je parle dans ce livre en balancement avec le temps court de la décision politique. L'Île-de-France est une société globale localisée, fortement dépendante d'échanges internationaux. Comment redonner du poids à ses habitants et à ses élus locaux face à la mondialisation ? Comment alléger les lourdeurs des logiques verticales du jacobinisme ? Comment mobiliser les associations et les syndicats autour d'une perspective globale ? La régionalisation des pouvoirs politiques, le fédéralisme en France sont la première étape institutionnelle à franchir.

• **Relocalisation économique et protectionnisme**
La relocalisation économique indique la possibilité régionale, hors domaines agriculture-alimentation et énergie-transports, de pourvoir éventuellement à la production et à la consommation dans d'autres secteurs. Aujourd'hui, le dumping social et environnemental des délocalisations est porté par un coût dérisoire du transport mondialisé. Après le pic viendra une certaine relocalisation européenne des activités de fabrication, pour des raisons de coût du transport et de sécurité. Dans les sociétés de sobriété, il s'agit de concevoir à une échelle régionale la fabrication d'objets assez élaborés par de petites unités indépendantes des multinationales. En principe, les ateliers flexibles pourraient être cet artisanat régional. Ils reposent cependant sur des technologies robotiques et des matériaux très mondialisés. L'ordinateur, par exemple, est impensable sans de multiples échanges mondiaux de matières et d'énergie. Il n'y a pas

d'ordinateur breton fabriqué à partir de ressources naturelles bretonnes. Reste une question cruciale à laquelle il est difficile de répondre : quel sera le niveau technologique des sociétés postcarbone ? Cela dépendra de la sévérité du bouleversement global induit par le triple choc. Tout est possible, depuis une transition drastique à faible coût humain jusqu'à un passage au chaos (troisième guerre mondiale, décimation massive...).

Le protectionnisme, entendu comme réglementation des échanges physiques d'une région avec l'extérieur, implique l'abandon du critère de rentabilité aux prix du marché mondial en faveur de critères et de valeurs intérieurs à la région, adaptés à l'objectif de sobriété. Ce protectionnisme nouveau est un moyen nécessaire de résistance aux ravages du choc énergétique. Il ne doit pas être compris comme une limitation des échanges culturels. D'autant moins qu'il dépend de l'existence d'autres îlots régionaux protégés, autorisant ainsi quelques échanges bilatéraux d'îlot à îlot, en dehors des forces libre-échangistes des transnationales.

• **Planification concertée et rationnement**
Examinons enfin la planification concertée. La description du régime final d'une telle réallocation de ressources est hors de portée de mes moyens. Seul un immense effort collectif, tendu vers l'objectif de sociétés sobres ci-dessus esquissé, pourra décrire cet avenir désirable, en impliquant les élus, les syndicats et les associations, les scientifiques et les habitants. Cependant, une contrainte immédiate est celle de l'organisation de la distribution en matière alimentaire et énergétique. En l'absence de rationnement solidaire et démocratique, l'allocation des ressources alimentaires et énergétiques rares s'effectuera, comme aujourd'hui, par les prix et les revenus, en favorisant les plus riches. Un système de prix n'est jamais qu'un système de rationnement, mais

basé sur la règle de l'inéquité : qui a de l'argent achète les biens, qui n'en a pas s'en prive. Un tel système conduit à des inégalités, plus rarement à la guerre civile. D'autant qu'en période favorable certains biens sont remplaçables par d'autres, moins plaisants et confortables, mais dont les plus modestes se contentent. La situation change lorsque c'est dans un secteur vital (l'alimentation, l'énergie) que tous les prix sont élevés. La solidarité, la démocratie et même l'intérêt bien compris des riches redoutant émeutes et vandalisme engagent à organiser le rationnement sur une autre base que le seul pouvoir d'achat. À l'image de la directive européenne sur les quotas d'émission de gaz à effet de serre alloués à toutes les « installations de combustion », des quotas (ou rations) de consommation alimentaire et énergétique pourront être alloués aux familles selon le nombre de personnes qui les composent, modalité de justice sociale neutralisant les différences de revenu [1].

L'exemple de Cuba

Bien que plus peuplée et plus vaste que nos régions françaises, l'île de Cuba et sa population peuvent nous fournir un exemple vécu de mise en œuvre des orientations précédentes. Comment le pays s'est-il organisé lorsque l'effondrement de l'empire soviétique, en 1990, l'a brutalement privé de ses importations de pétrole, lui imposant un *Peak Oil* artificiel et soudain ?
(Avertissement : je ne suis pas communiste et je n'ai

---

1. Dans une interview au *Daily Telegraph* du 2 juillet 2005, le ministre de l'Environnement britannique, Elliot Morley, encourage ses concitoyens à « penser l'impensable » : la mise en place de cartes de rationnement énergétique individuelles dans moins de dix ans.

aucune complaisance à l'égard de la dictature castriste, mais Fidel Castro est le seul chef d'État à avoir annoncé clairement à son peuple que la déplétion des hydrocarbures arrivait, qu'il fallait s'y préparer et que les temps à venir seraient rudes.)

Il y a vingt ans, les fermes d'État cubaines étaient fièrement décrites aux visiteurs comme les meilleures de toute l'Amérique latine en termes d'exploitation industrielle et de fertilisation chimique. Elles ressemblaient aux grandes exploitations de la Beauce ou de la Californie centrale, et produisaient plus de 80 % des denrées agricoles de l'île. Depuis septembre 1993, elles se sont transformées en coopératives privées ou en fermes familiales, et les prix des denrées agricoles sont devenus libres. Surtout, l'agriculture biologique est aujourd'hui la norme, les bœufs ayant remplacé les tracteurs. La culture de vers de terre, le compostage des déchets organiques, la lutte biologique contre les parasites, la rotation des cultures et d'autres formes spécifiques d'agrobiologie tropicale ont été organisés par le gouvernement. Le bon niveau scientifique de Cuba a permis aux chercheurs et aux agriculteurs de mettre au point des « biopesticides » et des « biofertilisants » dans plus de 220 centres artisanaux de biotechnologie situés dans les coopératives agricoles. Les machines n'ont pas disparu, elles vieillissent et sont moins utilisées, faute de pétrole et de pièces de rechange. La population urbaine s'est aussi mise à l'agriculture. De petites fermes péri-urbaines et des jardins cultivés ont été créés ces dernières années. À La Havane même, plus de 8 000 jardins travaillés par 30 000 personnes ont été recensés, occupant 30 % de la surface non bâtie de la ville[1].

---

1. Peter Rosset, *Sustainable Agriculture and Resistance : Transforming Food Production in Cuba*, Institute for Food and Development Policy, Oakland, États-Unis, 2002.

Après la pénurie de pétrole soviétique, le système de transports cubain s'est effondré. Le pays a rapidement importé 2 millions de bicyclettes chinoises. Aujourd'hui, moins d'un Cubain sur vingt possède une voiture, et l'essentiel de la mobilité s'effectue à pied, à vélo ou par les transports publics. « La nécessité est la mère de l'invention », aiment à dire les Cubains, qui bricolent toutes sortes de véhicules pour le transport de passagers : charrettes à baldaquin, pousse-pousse motorisés à deux places, attelages tirés par des chevaux, taxis collectifs, camions bâchés. Le « chameau » de La Havane est un énorme bus semi-remorque pouvant contenir trois cents passagers [1]. Le covoiturage et l'autostop sont habituels.

Les Cubains nomment « période spéciale » cette ère qui s'est ouverte il y a quinze ans marquée par une pénurie de pétrole. Il s'y est produit un retournement de l'ancien exode rural des fils et filles d'agriculteurs vers La Havane. Aujourd'hui, faute d'alimentation importée d'Europe de l'Est, Cuba devient un pays de plus en plus agricole, décentralisé, rural. Les agriculteurs constituent le quart de la population active cubaine. La transition brutale en matière d'alimentation et de mobilité n'a pas été choisie par les Cubains, qui ont beaucoup souffert depuis quinze ans. Mais la population et les institutions ont réussi à organiser leur vie dans une certaine autosuffisance, forcée par le manque de pétrole et l'embargo américain. Il est possible de vivre avec un baril de pétrole par an et par personne, soit vingt-cinq fois moins qu'aux États-Unis, douze fois moins qu'en Europe.

La planification nationale cubaine est parvenue à tirer le meilleur parti de ressources rares et à les redistribuer équitablement, notamment dans le domaine de la santé publique, où les médecins – 60 % de femmes – maintiennent un

---

1. *New Solutions*, Yellow Springs, Ohio, n° 2, mai 2004, pp. 2-7.

niveau sanitaire élevé : l'espérance de vie est la même que celle des pays de l'OCDE, et la mortalité infantile est inférieure à celle des États-Unis. En l'absence de moyens médicamenteux massifs, la politique de santé est surtout préventive, passant par la promotion incessante d'une alimentation équilibrée, peu grasse, presque végétarienne. Le style de vie à l'extérieur est moins sédentaire que le nôtre, et il est devenu plus sain par la pratique de la marche et de la bicyclette. Cuba est aujourd'hui le pays où s'applique le mieux l'expression ambiguë de « développement durable », par nécessité historique douloureuse et non par choix politique volontariste.

QUE FAIRE À L'ÉCHELON NATIONAL ?

La politique énergétique de la France intéresse peu nos concitoyens et donne même rarement lieu à des débats populaires ou parlementaires. Néanmoins, au cours de l'année 2003, le gouvernement français a organisé un « débat national sur l'énergie » préparatoire à une « loi d'orientation sur l'énergie » destinée finalement à renouveler le parc électronucléaire français. Ses conditions d'organisation ont été si mauvaises que le grand public et la presse s'en sont désintéressés. Les associations écologistes l'ont boycotté pour organiser de leur côté un débat plus ouvert[1]. Au printemps de 2004, l'Assemblée nationale a examiné, en première lecture, le projet de loi d'orientation sur l'énergie, ce qui m'a permis, en tant que député, de présenter une tout autre stratégie énergétique que celle qu'avait conçue le gouverne-

1. Benjamin Dessus et Hélène Gassin, *So watt ? L'Énergie : une affaire de citoyens*, Éditions de l'Aube, La Tour-d'Aigues, 2004, pp. 19-26.

ment dans son projet de loi. Dans cet exposé, je mettais en garde le gouvernement contre son imprévoyance : « Or, sur ce point [celui de la déplétion pétrolière], votre loi ne prévoit rien. Le premier impératif est de réduire la consommation, et non pas simplement l'intensité énergétique. Réduire l'intensité énergétique signifie que l'on devient un peu plus efficace. Bien sûr, il faut le faire, mais pourquoi ne pas fixer l'objectif d'une diminution de 2 % par an de la consommation réelle de l'énergie en France, de 3 % par an de la consommation réelle d'hydrocarbures, et de 3 % par an de nos émissions de gaz à effet de serre ? Voilà de vrais objectifs. Malheureusement, vous ne les avez pas inscrits dans la loi. Nous défendrons demain plusieurs dizaines d'amendements pour sauver notre pays de vos inconséquences et de votre aveuglement en matière énergétique [1]. »

Cet ensemble d'amendements décrivant les grandes lignes d'une autre politique énergétique pour notre pays, basée sur l'objectif de sobriété, ont été présentés à l'Assemblée nationale le jeudi 19 mai 2004 et les jours suivants (voir le texte de ces amendements en annexe 3). Aucun d'entre eux n'a été adopté en mai 2004. Le projet de loi d'orientation sur l'énergie est revenu à l'Assemblée nationale, en seconde lecture, au printemps 2005. Derechef, j'ai déposé ces amendements. Dans mon esprit, leur contenu était à la fois le maximum que les compositions politiques de l'Assemblée et du gouvernement eussent été en mesure d'adopter et le minimum qu'il aurait fallu faire dès l'année 2004, *a fortiori* en 2005, pour réduire le triple choc pétrolier. En ce sens, cette série d'amendements modérés représente un compromis entre le réalisme politique et l'urgence

---

1. Extrait du *Journal officiel de la République française*, compte rendu des séances de l'Assemblée nationale, mercredi 18 mai 2004. Voir annexe 2.

économique. Tous ont été rejetés par les votes successifs de l'Assemblée, après les avis défavorables émis par le rapporteur du projet de loi, Serge Poignant, député UMP de Loire-Atlantique, et par le ministre délégué à l'Industrie, Patrick Devedjian.

Pour être complet, un programme politique national se doit de présenter des orientations dans tous les domaines de la vie publique. Ainsi font les partis politiques et leurs candidats lors des élections présidentielles et législatives. Or, dans les paragraphes précédents et en annexe, je n'ai présenté d'orientations qu'en matière d'énergie et de transports, d'agriculture et d'alimentation. Une foultitude de questions restent donc ouvertes : sous la contrainte du triple choc pétrolier, que deviennent les politiques publiques nationales en matière de santé et d'éducation ? D'emploi et de protection sociale ? De logement, de recherche, d'industrie, de culture, de police, de justice ? Quel sort attend les handicapés, les personnes âgées, les jeunes, les familles, les immigrés ? Il serait vain de vouloir répondre précisément à ces questions *ex ante*, car c'est de la dynamique sociale créée par l'anticipation du choc ou par le choc lui-même que viendront les réponses les plus adaptées. Néanmoins, deux analyses historiques peuvent guider notre réflexion sur l'avenir. L'une concerne la fin de la croissance économique mondiale, l'autre la possibilité d'une mobilisation politique à l'échelle nationale.

Adieu à la croissance ? Les exemples vécus de Cuba ou de l'État de Kerala [1] en Inde montrent qu'il est possible de vivre, difficilement, avec un bas revenu par personne et une croissance économique nulle, voire négative. Mais ces

---

1. Richard Heinberg, *Powerdown. Options and Actions for a Post-Carbon World*, New Society Publishers, Gabriola Island, Canada, 2004, p. 105.

exemples isolés n'en sont pas moins immergés dans un monde dont la croissance – mesurée par l'évolution du PIB mondial – est positive depuis des décennies. Or la décroissance mondiale de la production de pétrole sera synonyme de décroissance du PIB dans presque tous les pays et pour l'économie mondiale dans son ensemble [1]. Cette affirmation a déjà été confirmée par l'observation de la chute de l'URSS : ce n'est pas la crise économique soviétique à partir de l'année 1988 qui a provoqué une baisse de la consommation de pétrole, puis la chute de l'empire ; c'est la baisse de la production soviétique de pétrole dès 1987 qui a été la cause principale de la crise économique aboutissant à l'effondrement du régime [2]. Autrement dit, le passage du pic de Hubbert a été fatal à l'URSS. D'autant plus que le déclin a été pentu : la production soviétique et ex-soviétique de pétrole a chuté de 44 % entre 1988 et 1995, la consommation de pétrole de 50 %.

Certes, d'autres pays industrialisés – les États-Unis ou la France, par exemple – ont aussi passé le pic de Hubbert de leur production intérieure de pétrole, ou subi des réductions de consommation au moment des chocs pétroliers. Mais jamais la consommation de pétrole de ces pays n'a chuté de 50 %. En outre, la rigidité et la fermeture du système soviétique ont accru ses difficultés lorsque est arrivée sa décroissance économique, tandis que les économies occidentales se sont adaptées plus souplement aux chocs pétroliers des années 70. Leur récession n'a duré que quelques années car les cours mondiaux du pétrole n'ont dépassé 50 dollars le baril (en dollars 2004) que pendant trois ans. Aujourd'hui,

---

1. Douglas B. Reynolds, *Scarcity and Growth Considering Oil and Energy*, The Edwin Mellen Press, Wales, Royaume-Uni, 2002, pp. 111-131.
2. *Ibid.*, pp. 197-221.

la situation est bien différente, puisqu'il est question d'une longue tendance à la hausse des cours du baril provoquée par la décroissance physique définitive de la production de pétrole du monde entier, ayant pour effet la décroissance économique durable à l'échelle planétaire. C'est-à-dire, avant quinze ans, la fin de la grande distribution, la fin de l'aviation commerciale de masse, la fin de l'Union européenne, la fin du capitalisme... accompagnées de chaos social et de violence politique. À moins qu'un plan mondial inspiré par les propositions de la section suivante ne soit décidé et mis en œuvre rapidement. « Le plus grand danger que le monde affronte est que personne ne prépare de plan B [1]. »

Une mobilisation politique à l'échelle nationale entièrement tendue vers l'objectif de sobriété pourrait-elle à la fois réduire l'impact du triple choc dans notre pays et conduire d'autres États, voire les Nations unies elles-mêmes, à entreprendre la même démarche ? L'effort national devrait être comparable, sinon supérieur, à la mobilisation américaine pendant la Seconde Guerre mondiale. Dès le début de 1940 et les années suivantes, les États-Unis mirent en place des agences de guerre (Emergency War Agencies), plus adaptées que les administrations traditionnelles à la situation d'urgence et à l'effort de mobilisation. La première fut le Bureau pour la gestion de l'urgence (Office for Emergency Management), directement relié au président et chargé d'organiser le programme de guerre. Ce bureau coordonna de nombreuses agences telles que le Comité pour l'emploi équitable (Committee on Fair Employment Practices), le Conseil national pour le travail de guerre (National War Labor Board), le Conseil pour la production de guerre (War Production Board), l'Office de stabilisation économique

---

1. Matthew R. Simmons, *Twilight in the Desert, op. cit.*, p. 350.

(Office of Economic Stabilization) et bien d'autres encore. Mais, après l'attaque japonaise contre Pearl Harbor en décembre 1941 et les développements de la guerre en 1942, le président Franklin D. Roosevelt dut concentrer plus encore l'effort américain. Il créa, en mai 1943, l'Office de mobilisation pour la guerre (Office of War Mobilization) pour « unifier les activités des agences et des ministères fédéraux engagés dans la production, l'approvisionnement, la distribution ou le transport des fournitures, des matériels et des produits militaires ou civils, et pour résoudre les controverses entre ces agences et ministères ». James Byrnes, déjà directeur de l'Office de stabilisation économique, devint celui de l'Office de mobilisation pour la guerre, un directeur doté de pouvoirs si étendus qu'il fut surnommé le « président bis ». L'expérience, l'intelligence et le pragmatisme de Byrnes lui permirent de mettre au point et d'appliquer une politique économique nationale complète pour le contrôle des prix et des prêts, des salaires, des revenus et des profits, du rationnement et des échanges, afin de prévenir la hausse du coût de la vie ainsi que de coordonner les activités industrielles et commerciales, l'ensemble étant mobilisé vers un seul objectif : la guerre. « Nous ferons des erreurs, disait-il, mais en temps de guerre l'inaction est la plus grande des erreurs. »

Deux dispositions économiques et sociales de ce vaste plan sont particulièrement éclairantes : le contrôle des prix et des revenus, et le rationnement de certains produits. Dès 1942, les prix agricoles et les revenus furent mis sous contrôle, de même que les loyers. Pour inciter les gens à travailler, les ouvriers et employés bénéficièrent gratuitement de l'assurance maladie et des congés payés. En contrepartie, et afin de concentrer la production industrielle pour la guerre, la fabrication de certains biens de consommation tels que les réfrigérateurs, les automobiles et les équipements domestiques fut interdite. Cela donna lieu à un marché noir et à une forte pression inflationniste. Pendant la guerre, le Congrès américain refusa d'augmenter les remboursements de Sécurité sociale, malgré l'inflation, mais il élargit le nombre de bénéficiaires et l'assiette des contributeurs.

Le rationnement toucha d'abord l'alimentation, l'essence et l'habillement. Il fut introduit pour éviter les émeutes populaires face aux pénuries, car les plus riches auraient continué d'acheter. Les Américains furent encouragés à tout économiser, encouragés par la propagande, les émissions de radio, les affiches et les tracts diffusés par le gouvernement fédéral. En mai 1943, par exemple, des cartes d'achat de sucre pouvaient être obtenues dans chaque école. Des timbres d'achat de sucre furent distribués sur la base de la composition de la famille, mais la possession de timbres ne garantissait pas l'obtention réelle de sucre après des heures de queue devant les épiceries. Cela dépendait de l'approvisionnement du jour. Les « timbres rouges » ouvraient droit à l'achat de viande, de beurre et d'huile, les « timbres bleus » à l'achat de fruits et légumes, de soupes et de pots pour nourrissons, selon la disponibilité locale. Ces différents timbres tinrent lieu de monnaie pour des quantités limitées de biens et une période précise d'obtention (monnaie fondante).

Le contrôle et le rationnement ne furent efficaces – c'est-à-dire sans provoquer de grandes grèves ou révoltes – qu'avec l'acceptation des syndicats, des patrons et de l'ensemble de la population. Ce soutien populaire résulta d'un effet de foule solidaire, engendré par la peur de la guerre et la propagande égalitaire : « Le consentement n'est pas accordé sous la forme d'une addition de volontés individuelles, mais comme la résultante collective de la croyance

222

de chacun en la soumission de tous les autres[1]. » Au-delà des détails techniques de préparation et de mise en œuvre d'une économie de guerre – ce que nous venons de survoler brièvement –, toute la réussite d'une telle opération tient donc au succès de la mobilisation populaire qu'elle doit susciter.

L'exemple américain des années 40 peut-il être reproduit aujourd'hui dans notre pays à l'approche du triple choc ? La grande différence est, bien sûr, que la guerre avait déjà commencé en Europe lorsque les États-Unis se sont mobilisés pour un effort économique et social inégalé dans l'histoire, tandis qu'actuellement aucune catastrophe de cet ordre n'est encore visible sur le front du pétrole. En paraphrasant Matthew Simmons, c'est le manque total de pensée alternative qui rend cet événement inévitable si alarmant[2].

QUE FAIRE À L'ÉCHELON EUROPÉEN ET MONDIAL ?

La plupart des orientations exposées dans les amendements que j'ai défendus pour guider la politique énergétique française peuvent être extrapolées à l'échelon européen. Mais, pour l'instant, c'est l'agriculture qui est l'objet de la politique européenne la plus intégrée. La politique agricole commune absorbe 45 % du budget de l'Union européenne pour soutenir un productivisme condamné par la hausse du prix des hydrocarbures. Malgré l'inflexion récente de cette politique vers l'écoconditionnalité des aides, leur plafonne-

---

1. Jean-Louis Vullierme, *Le Concept de système politique*, *op. cit.*, p. 282.
2. Matthew R. Simmons, communication à la Quatrième Conférence de l'ASPO, Lisbonne, 20 mai 2005.

ment et leur modulation, ainsi que le soutien renforcé au développement rural, elle reste marquée par une orientation libre-échangiste sous la pression de l'Organisation mondiale du commerce. La PAC n'est pas réformable, il faut la transformer complètement dans le sens du projet de sociétés de sobriété. Cette transformation pourrait être effectuée en suivant six orientations [1] :

• tendre vers l'autosuffisance nationale, puis régionale, la plus complète possible, en garantissant un revenu satisfaisant aux paysans et en impulsant un renouveau des communautés rurales basé sur une agriculture paysanne, durable, biologique ;

• contrôler les importations alimentaires aux frontières de l'Europe en refusant des denrées déjà produites à l'intérieur de l'Union. Ce droit de limitation des importations doit être celui de tous les pays du monde ;

• réduire les profits des transformateurs et de la grande distribution de la chaîne agroalimentaire afin que les prix agricoles plus élevés à la ferme ne se transforment pas en prix alimentaires finaux trop élevés pour les familles défavorisées ;

• lutter contre la misère alimentaire par la hausse des minima sociaux et l'accès de tous à une alimentation saine et équilibrée ;

• réduire, puis éliminer, les surplus agricoles européens exportés à prix de dumping et utilisés contre l'autosuffisance alimentaire des pays pauvres ;

• réécrire la PAC et l'OMC selon les principes de souveraineté alimentaire et d'autosuffisance locale et régionale à

---

1. Caroline Lucas, Colin Hines et Michael Hart, « Look to the local – a better agriculture is possible ! », *Grassroots Action on Food and Farming*, Oxford, Royaume-Uni, 2002. Voir aussi Jean-Damien Terreaux, « Pour une autre PAC », www.confederationpaysanne.fr, 20 janvier 2005.

la place des principes de libre marché et de compétitivité internationale.

Une Organisation mondiale pour la localisation (OML)

Il est évidemment illusoire de croire que les réponses individuelles et locales, ou française et européenne, au triple choc pétrolier suffiront à éviter le pire. Les processus, les institutions et les structures socio-économiques mondialisées doivent aussi participer à l'effort vers la sobriété, c'est-à-dire vers l'inévitable décroissance de la consommation et des échanges de matières et d'énergie dans les pays de l'OCDE, vers la localisation des activités. Cette orientation est l'exact opposé de celle des cornucopiens du FMI, de la Banque mondiale, de l'OMC et, plus généralement, de la totalité des responsables politiques et économiques mondiaux, qui ne cessent d'encourager à la « croissance » et à la multiplication des échanges commerciaux sans barrières – entendons par là la liberté laissée aux entreprises transnationales de poursuivre leur recherche de puissance et de profits, sans considération de droits sociaux ou environnementaux.

Les négociations en cours au sein de l'OMC concernent plus d'une vingtaine d'accords commerciaux sectoriels susceptibles d'être conclus sous les principes généraux de la concurrence et des lois du marché. Un groupe d'activistes britanniques a proposé de réécrire les principes et les règles qui gouvernent aujourd'hui l'OMC pour la remplacer par l'Organisation mondiale pour la localisation (OML) [1], sous le slogan : « Protéger le local, globalement. » Cette initia-

---

1. Colin Hines, *Localization, a Global Manifesto*, Earthscan Publications, Londres, 2000, pp. 136-145.

tive rejoint notre objectif de sociétés de sobriété. Les principales grandes lignes des accords de cette OML sont résumées en annexe 4.

Un Protocole sur la déplétion pétrolière

Nos amis de l'ASPO, réunis en mai 2005 à Lisbonne, ont discuté un projet de Protocole de déplétion, équivalent amont du Protocole de Kyoto pour l'aval du cycle du carbone (réduction des émissions de gaz à effet de serre). Ce protocole serait, à l'échelle internationale, la meilleure action préventive contre les effets désastreux du triple choc pétrolier. Cependant, le décompte du temps qui nous reste est crucial. Le Protocole de Kyoto, signé en 1997, est la mise en œuvre de la Convention climatique, adoptée au Sommet de la Terre en 1992, à Rio. Ce protocole est enfin entré en vigueur en 2005, après sa ratification par la Russie. Il a donc fallu treize années pour qu'il devienne loi internationale s'imposant aux pays signataires. Malgré ses objectifs modestes pour lutter contre le changement climatique, il faudra encore plusieurs années pour que les pays signataires le mettent réellement en œuvre, et il est convenu que la « communauté internationale » en fasse un premier bilan en 2012, soit vingt ans après Rio. Or nous n'avons pas vingt ans devant nous avant de franchir le pic de Hubbert. L'accord onusien sur un Protocole de déplétion et la mise en œuvre de celui-ci devraient donc être beaucoup plus rapides. Quant au contenu politique du Protocole, il devrait être beaucoup plus contraignant. Ses objectifs dérivent des principales thèses du présent ouvrage : que nul ne profite du choc imminent pour tirer profit de prix croissants du pétrole, ceux-ci devant donc rester raisonnablement liés aux coûts de production ; que tout pays pauvre ait des moyens garantis d'importer encore un peu de pétrole ; qu'à tous les échelons la sobriété s'établisse par des baisses de consommation ; que soit encouragé le développement des énergies renouvelables. Le contenu du texte étendu discuté à Lisbonne est présenté en annexe 5.

Un paradoxe d'échelle

L'appel à des actions urgentes contre le triple choc auprès des instances européennes et internationales est frappé d'un paradoxe d'échelle, relevé par Richard Heinberg [1]. D'un côté il s'agit de réduire l'échelle de l'activité économique et commerciale, de « démondialiser la mondialisation » et, par voie de conséquence, de réduire aussi les pouvoirs des institutions internationales pour renforcer ceux des échelons locaux et régionaux. D'un autre côté nous en appelons à des décisions et à des actions fortes et immédiates de la part de ces institutions, ce qui suppose qu'elles aient le pouvoir de les faire respecter. Comment donc renforcer leur autorité dans le même mouvement que leur affaiblissement ? Il n'y a pas d'autres bonnes réponses à cette contradiction que celles qu'exigent la nécessité logique et la thermodynamique. La logique nous impose de penser que les décisions et actions locales seront insuffisantes pour affronter le triple choc, notamment sa composante géopolitique. En l'absence d'un accord international du type Protocole de déplétion, il est assez probable que les guerres pour les ressources d'hydrocarbures se multiplieront, avec des conséquences dramatiques. La thermodynamique nous indique que la maintenance physique et organisationnelle des institutions internationales sera très problématique lorsque la production

---

1. Richard Heinberg, *Powerdown, op. cit.*, pp. 102-104.

mondiale de pétrole déclinera si un accord général de décroissance de la consommation énergétique n'a pas été conclu et mis en œuvre avant. Il est donc dans l'intérêt de ces institutions, et il en va de leur survie même, qu'elles se saisissent au plus vite de la question du pic de Hubbert et qu'elles parviennent à un tel accord dans les plus brefs délais.

Convaincre et mobiliser la société

Le lecteur est-il convaincu de l'imminence du triple choc, de l'ampleur de ses conséquences et de la nécessité de mettre en œuvre des sociétés de sobriété ? Non, sans doute pas encore. Ce scepticisme provient pour une part de la grande méconnaissance de cette question neuve, pour une autre part de l'incrédulité, voire de la sidération dont nous pouvons être saisis devant l'ampleur de ses conséquences, et pour une dernière part du sentiment de désarroi face au bouleversement de nos habitudes mentales et comportementales, individuelles et collectives, que supposerait l'acceptation de cette réalité du monde. Rassurés par le mutisme des médias et de nos responsables, abusés par notre ignorance scientifique et éprouvant la plus grande répugnance à intégrer l'idée d'une telle mutation, nous désirons penser que ce problème de pic de Hubbert est l'affaire de quelques savants, peut-être même le résultat des élucubrations de certains chercheurs, en tout cas probablement très exagéré et majoritairement faux, bien qu'il contienne sans doute une petite part de vérité. Que nos responsables économiques et politiques sauront faire face à cette petite épreuve, comme ils ont su le faire lors des deux chocs pétroliers de 1973 et de 1979. Que nous pouvons leur faire confiance, ainsi qu'au génie humain, au marché et au progrès. Ainsi réfléchissonsnous aujourd'hui, dans un réflexe naturel validé par le silence de nos gouvernants. Et pourtant le triple choc pétrolier est bien, hélas, une réalité incontournable, que j'ai essayé d'exposer dans ce livre. Et pourtant nos gouvernants, pris eux aussi dans la spirale aveuglante de notre modèle actuel, et touchés comme chacun par le réflexe du déni, n'ont nullement anticipé cet avenir si proche, laissant nos sociétés dans un état d'impréparation coupable. Face à l'échéance du triple choc, il est de la responsabilité de chacun d'entre nous d'en faire sa priorité, de se déterminer sur cette nouvelle perspective, pour convaincre et mobiliser la société, pour engager nos responsables politiques à revenir sur leur inconséquence.

Pour leur part, depuis plus de trente ans, les écologistes n'ont cessé de proposer la diminution des consommations d'énergies fossiles et nucléaires et la mise en œuvre de politiques de sobriété énergétique et de promotion des énergies renouvelables, l'abandon de l'agriculture productiviste au profit de l'agrobiologie, le désengagement de notre dépendance à l'égard des entreprises transnationales et la réhabilitation des circuits économiques courts. En vain, ou presque. Aujourd'hui, nous n'avons même plus le temps de nous engager sans heurt vers ces projets. Mais nous pouvons encore réduire les dommages et les malheurs, en suivant les orientations ici formulées, à condition d'agir dès aujourd'hui. Lorsque la déplétion pétrolière heurtera nos sociétés, il sera trop tard pour éviter des événements violents. Je crains, hélas, qu'à quelque niveau territorial que ce soit aucune société ne décide de prévenir la crise énergétique qui se profile. La crise arrivera d'abord – elle commence déjà –, et nous réagirons ensuite.

L'ai-je suffisamment répété : il ne faut espérer aucune issue du côté de l'offre de pétrole, du côté d'une production croissante d'énergie peu chère. Toute solution passera par la décroissance de la demande, par la sobriété. Nous n'aurons pas une seconde chance après la décennie dans laquelle nous vivons aujourd'hui : nous devons profiter des quelques années d'hydrocarbures bon marché qui nous restent pour construire les sociétés de basse consommation énergétique de demain. La discussion sur la construction des « bonnes » sociétés de sobriété n'est pas d'ordre essentialiste, mais d'ordre politique.

Ce livre sera peut-être utile à la réflexion. J'espère qu'il sera surtout utile à l'action immédiate. Nous sommes dans le compte à rebours, nous n'avons pas une seconde à perdre. Il est déjà trop tard pour espérer transmettre à nos enfants un monde en meilleure santé que celui que nous connaissons aujourd'hui. Plus nous attendrons, plus leurs souffrances seront grandes et dévastatrices. Mais nous pouvons les réduire. L'urgence est là, mais l'espoir aussi. Si nous réagissons, vite.

ANNEXES

Annexe 1

Sur le long terme passé, le volume estimé des découvertes mondiales est illustré par cette figure, qui exprime la différence entre les découvertes et la consommation depuis soixante ans. Le déclin tendanciel a commencé à la fin des années 60. Depuis plus de vingt ans, cette différence est négative (flèche). Aujourd'hui, nous consommons quatre barils de pétrole pour un baril découvert.

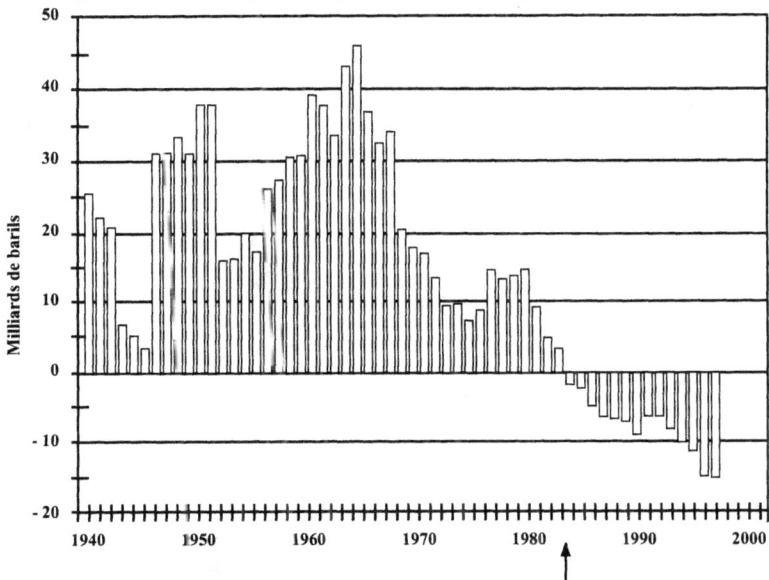

Figure 1. Différence entre les découvertes et la consommation mondiale de pétrole depuis soixante ans [1].

1. Robert L. Hirsch, « Peaking of world oil production », *The Annapolis Center for Science Based Public Policy*, 14 juin 2004, p. 9.

Dans la plupart des pays producteurs de pétrole, les découvertes ont culminé voici fort longtemps. Il existe une corrélation entre la forme de la courbe des découvertes au cours du temps et la forme de la production intérieure de pétrole, avec un décalage de plusieurs années. En effet, le pétrole devant être découvert avant d'être extrait, le déclin des découvertes se reflétera plus tard dans le déclin de la production. Autrement dit, l'extrapolation de l'évolution passée des volumes découverts constitue une base solide pour la prévision de la production future [1].

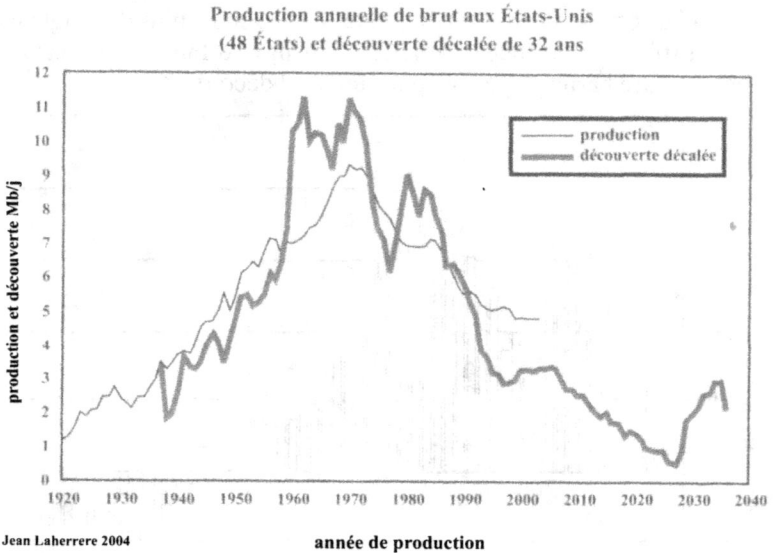

Figure 2. Corrélation entre la production américaine de brut (moins l'Alaska) et la découverte moyenne aux États-Unis décalée de trente-deux ans [2].

---

1. Colin Campbell, *The Truth About Oil & the Looming Energy Crisis*, Eagle Print, Irlande, 2004, p. 25.
2. Jean Laherrère, 2004.

À comparer avec les chiffres de cette figure, une étude américaine fournit ceux de la consommation énergétique dans l'agriculture des États-Unis et du Canada, se répartissant comme suit : 31 % pour la fabrication des fertilisants minéraux, 19 % pour l'utilisation des machines agricoles, 16 % pour le transport, 13 % pour l'irrigation, 8 % pour l'élevage du bétail (hors aliments), 5 % pour le séchage des fourrages, 5 % pour la production de pesticides, 3 % autres [1].

Répartition de l'énergie par poste			Par an		Par ha SAU	
			TEP	éq-litres fioul	éq-lit fioul	part
Entrées	**directes**	Fioul consommé	2,83	3 309	130	15 %
		Autres produits pétroliers	1,10	1 291	51	6 %
		Électricité	2,23	2 611	102	12 %
		Énergie/eau	0,40	470	18	2 %
		Autres énergies directes	0,00	0	0	0 %
	indirectes	Achats aliments	4,8	5 562	218	26 %
		Engrais et amendements	3,8	4 486	176	21 %
		Phytosanitaires	0,0	0	0	0 %
		Semences	0,0	26	1	0 %
		Jeunes animaux	0,0	0	0	0 %
		Matériels	2,2	2 519	99	12 %
		Bâtiments	0,2	265	10	1 %
		Autres achats	0,9	1 013	40	5 %
		Entrées	**18,4**	**21 554**	**845**	**100 %**
Sorties		Lait	12,1	14 148	555	96 %
		Viande	0,5	617	24	4 %
		Végétaux	0,0	0	0	0 %
		Autres	0,0	27	1	0 %
		Sorties	**12,6**	**14 792**	**580**	**100 %**

Figure 3. Résultat de l'analyse énergétique PLANÈTE de la ferme. (Approximativement, une tonne équivalent pétrole (tep) = 1 200 litres de fioul domestique = 3 000 kg de bois sec = 11 500 kWh thermiques = 4 500 kWh d'électricité.)

---

1. B.A. Stout, *Energy Use and Management in Agriculture*, Breton Publishers, North Scituate, Massachusetts, 1984.

Tous les chiffres de ces tableaux incluent un transport forfaitaire de 1 000 km par camion. Si 1 kg de produit alimentaire a effectué un trajet plus long, il faut ajouter environ 0,1 litre de pétrole par millier de kilomètres supplémentaire. Si le trajet de 1 000 km a été effectué par avion, il faut estimer la dépense énergétique à 0,5 litre de kérosène par kg d'aliments. Les chiffres présentés dans ces tableaux sont des moyennes. De grandes variations peuvent être constatées selon les produits et selon les pays. En outre, je n'ai pas pris en compte les dépenses énergétiques après la consommation domestique (traitement des déchets).

Produits (1 kg)	Énergie totale (en lep)	Pétrole (en litre)
ÉLEVAGE		
Agneau	6	3
Porc	4	2
Bœuf	3	1,5
Œufs	3	1,5
Poulet	2	1
Lait	2	1
CÉRÉALES		
Maïs	1,5	1
Avoine	1,5	1
Blé	1,5	1
Riz	1,5	1
Soja	1,5	1
FRUITS ET LÉGUMES		
Pommes de terre	1	0,5
Épinards	1	0,5
Tomates	1	0,5
Pommes	0,5	0,2
Oranges	0,5	0,2

Figure 4. Énergie et pétrole nécessaires à la production de 1 kg de produit alimentaire, de la fourche à la fourchette, en système productiviste – type PAC + chaînes agroalimentaires. L'énergie est exprimée en litre équivalent pétrole (lep).

Produits (1 kg)	Énergie totale (en lep)	Pétrole (en litre)
ÉLEVAGE		
Agneau protéine	32	23
Porc protéine	22	16
Bœuf protéine	12	9
Œufs protéine	9	7
Lait protéine	7	5
Poulet protéine	6	4
CÉRÉALES		
Riz protéine	7	5
Maïs protéine	4	3
Avoine protéine	3,5	2,5
Blé protéine	3,5	2,5
Soja protéine	2	1,5
FRUITS ET LÉGUMES		
Pommes protéine	31	24
Oranges protéine	6	4
Pommes de terre protéine	4	3
Tomates protéine	3	2
Épinards protéine	2	1,5

Figure 5. Énergie et pétrole nécessaires à la production de 1 kg du contenu en protéines d'un produit alimentaire, de la fourche à la fourchette, en système productiviste – type PAC + chaînes agroalimentaires. L'énergie est exprimée en litre équivalent pétrole (lep).

**Prix du brut
en dollars 2004**

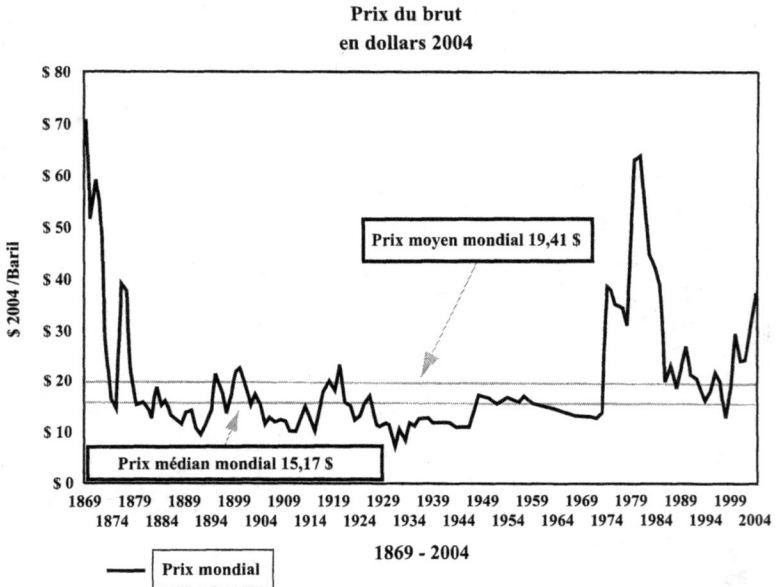

*Figure 6. Cours du pétrole brut 1869-2004
(en dollars de l'an 2004 par baril)* [1].

1. WTRG Economics, 1998-2005.

**Prix du brut
en dollars 2004**

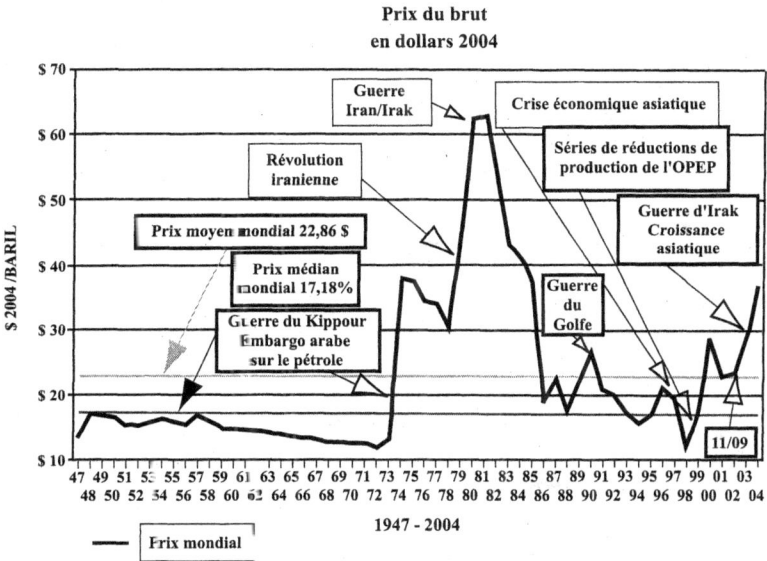

*Figure 7. Cours du pétrole brut 1947-2004 (en dollars de l'an
2004 par baril) et événements mondiaux [1].*

1. WTRG Economics, 1998-2005.

Intensité énergétique (indice base 100 en 1973)

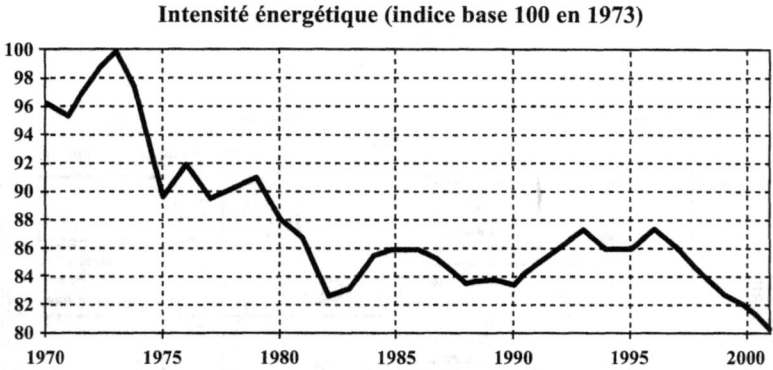

Figure 8. Évolution de l'intensité énergétique en France [1].

Intensité énergétique (indice base 100 en 1973)

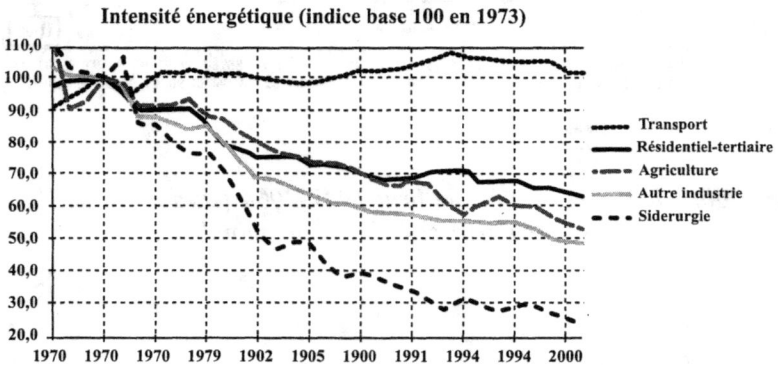

*Figure 9. Évolution de l'intensité énergétique
en France par secteur [2].*

---

1. Observatoire de l'économie, de l'énergie et des matières premières.
2. Observatoire de l'économie, de l'énergie et des matières premières.

240

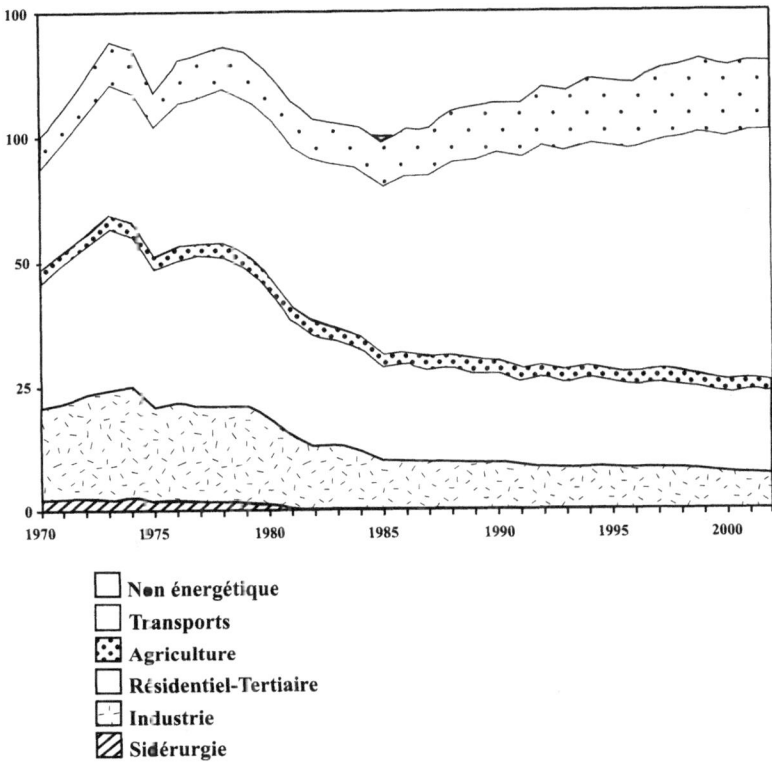

Figure 10. Consommation finale de produits pétroliers en France par secteur [1].

_____
1. Observatoire de l'énergie.

	Autos	Petits camions	Poids lourds	Avions
Consommation (en Mb/j)	4,9	3,6	3,0	1,1
Pourcentage de la consommation totale de pétrole	25 %	18 %	16 %	6 %
Coût actuel de ces flottes (en milliards de dollards)	571	435	686	110
Taille de la flotte	130 millions	80 millions	7 millions	8 500
Nombre annuel d'achats	8,5 millions	8,5 millions	500 000	400
Âge moyen de la flotte (en années)	9	7	9	13
Durée de vie médiane (en années)	17	16	28	22

Figure 11. Profil des flottes de transport aux États-Unis [1].

1. Robert L. Hirsch, Roger Bezdek, Robert Wendling, *Peaking of World Oil Production, op. cit.*, p. 23.

Annexe 2

Extraits du *Journal officiel de la République française*, compte
rendu des séances de l'Assemblée nationale, mercredi 18 mai
2004.

Mme LA PRÉSIDENTE. La parole est à M. Yves Cochet.

M. YVES COCHET. Madame la présidente, monsieur le ministre,
mes chers collègues. Pour présenter les choses différemment, je
dirai qu'il existe des sources d'énergie à contraintes faibles et des
systèmes énergétiques à contraintes fortes. Une bonne politique
de l'énergie à long terme consiste à promouvoir les premières et à
réduire, pour finalement les abandonner, les seconds. Les sources
d'énergie à contraintes faibles...

M. BERNARD ACCOYER. Le soleil !

M. YVES COCHET. ... se résument en trois mots : sobriété, efficacité, renouvelabilité. La sobriété conduit à réorganiser notre système énergétique pour éviter les gaspillages et adopter les
comportements les plus vertueux possible, au niveau tant collectif
qu'individuel. L'efficacité consiste à utiliser des technologies
plus performantes, à service énergétique identique. Nous savons
déjà le faire et la recherche continue de progresser. Les énergies
renouvelables sont à la fois dispersées, partout présentes, innombrables, très décentralisées, complémentaires et bien entendu
presque éternelles puisqu'elles viennent du soleil. Certains propo-

sent de faire tout à la fois, de diversifier notre bouquet énergétique. Mais ce n'est pas possible.

M. BERNARD ACCOYER. Quelle résignation ! Quel manque d'ambition !

M. YVES COCHET. On le sait bien à Bercy : pour des raisons économiques et budgétaires, vous ne pourrez pas à la fois renouveler le parc nucléaire, faire des économies d'énergie et développer les énergies renouvelables.

Mme GENEVIÈVE PERRIN-GAILLARD. En effet !

M. YVES COCHET. Cela demanderait des investissements industriels considérables sur une longue durée. Il n'est pas aussi facile de modifier une répartition de sources d'énergie, cela se fait sur des décennies. Il faut donc engager un immense effort industriel, comparable à celui mis en œuvre pour le nucléaire, à partir de 1974, par le gouvernement Messmer, à mon grand dam. À cette époque déjà, il fallait faire autre chose et surtout pas du nucléaire.

Le potentiel d'économies d'énergie de notre pays est supérieur à 50 % et davantage encore dans le secteur électrique. Il n'est donc nullement besoin de renouveler un parc nucléaire qui est, par ailleurs, un système énergétique à très fortes contraintes, dépendant beaucoup des transports. Il est faux de dire que le nucléaire nous apporte une indépendance. Nous n'avons pas de gisement d'uranium et les déchets comme les combustibles se promènent sur les routes de France *(exclamations sur plusieurs bancs du groupe de l'Union pour un mouvement populaire)* en raison du choix du retraitement concentré à La Hague. Le nucléaire est une industrie nationaliste, une industrie pour la guerre, une industrie pour la prolifération, une industrie qui incite au terrorisme, comme Greenpeace l'a démontré en février 2003. *(Rires et exclamations sur les bancs du groupe de l'Union pour un mouvement populaire.)*

M. Jacques Myard. C'est vous le terroriste !

M. Yves Cochet. Monsieur Myard, ne riez pas ! C'est extrêmement sérieux ! C'est sur ce potentiel de 50 % d'économies d'énergie – thermique, de transport, de force électromotrice ou d'électricité spécifique – qu'il faut faire porter l'effort. Vous ne pourrez pas le faire avec le nucléaire.

M. Jacques Myard. Le nucléaire, c'est l'avenir !

M. Yves Cochet. J'ai remarqué cet après-midi une certaine évolution dans la rhétorique de M. Sarkozy. Il a en effet employé des mots qu'il n'avait pas prononcés voilà trois semaines lors du débat sans vote sur la politique énergétique de la France. Il a tout d'abord déclaré qu'il fallait lutter contre le réchauffement climatique. Nous le disons depuis trente ans, certains l'ont découvert l'an dernier avec la canicule. Mieux vaut tard que jamais ! Il a dit ensuite qu'il fallait développer la filière nucléaire qui garantit notre indépendance. C'est une impasse stratégique, que nous payerons très cher. Regardez les projections de la plus grande institution mondiale en ce qui concerne les demandes sectorielles d'énergie, l'AIE : elle prévoit une réduction de la part du nucléaire dans le monde ; le Conseil mondial de l'énergie également.

M. Jean-Claude Lenoir. Mais non !

M. Yves Cochet. Si, monsieur Lenoir. Mais M. Sarkozy ajoute, et c'est très intéressant, qu'il faut également observer l'évolution actuelle du prix des hydrocarbures et craindre à terme – là, il a eu le tort de donner des chiffres – la perte ou le déclin de la production mondiale de pétrole. Sur ce point, M. Sarkozy a tout à fait raison. Quand on regarde ce que j'appelle les énergies à contraintes, c'est-à-dire les hydrocarbures ou bien le nucléaire, le problème que nous aurons bientôt à résoudre ne sera pas de savoir s'il faut ou non construire un EPR [1] – il ne le faut pas ! – mais d'affronter le choc provoqué par le niveau de plus en plus élevé du prix des matières premières fossiles, notamment le pétrole et le gaz.

M. JACQUES MYARD. La réponse est donc dans le nucléaire !

M. YVES COCHET. Ce n'est pas pour 2030, c'est pour bientôt. Le choc ne sera pas analogue à ceux de 1973 et de 1979.

M. JACQUES MYARD. Raison de plus pour rester indépendants !

M. YVES COCHET. Il sera structurel, pour des raisons à la fois économiques – la demande est structurellement excessive par rapport à l'offre – et géologiques, la déplétion de la matière elle-même. Or, pour amortir ce choc, vous ne faites rien, en particulier dans le domaine crucial des transports. Pourtant ce matin, Air France a augmenté de trois euros le prix du billet simplement parce que le baril est à quarante dollars. Le prix du baril va continuer à monter pour des raisons structurelles et définitives. On ne pourra pas acheter davantage de pétrole, il y en aura moins ! Ce n'est pas seulement le prix qui monte, c'est la source qui se tarit !

M. JACQUES MYARD. Donc il faut faire du nucléaire !

M. YVES COCHET. Or, sur ce point, votre loi ne prévoit rien. Le premier impératif est de réduire la consommation, et non pas simplement l'intensité énergétique. Réduire l'intensité énergétique signifie que l'on devient un peu plus efficace. Bien sûr, il faut le faire, mais pourquoi ne pas fixer l'objectif d'une diminution de 2 % par an de la consommation réelle de l'énergie en France, de 3 % par an de la consommation réelle d'hydrocar-

---

1. EPR : European Pressurized Reactor. Ce projet de réacteur à eau pressurisée a été concrétisé par la commande d'un « démonstrateur » de ce type par EDF, sur le site de Flamanville (Manche). Il ne sera pas construit avant plusieurs années, s'il l'est jamais.

bures, et de 3 % par an de nos émissions de gaz à effet de serre ? Voilà de vrais objectifs. Malheureusement, vous ne les avez pas inscrits dans la loi. Nous défendrons demain plusieurs dizaines d'amendements pour sauver notre pays de vos inconséquences et de votre aveuglement en matière énergétique. *(Applaudissements sur divers bancs du groupe socialiste.)*

Annexe 3

Extrait du compte rendu de la commission des Affaires économiques, de l'Environnement et du Territoire du mercredi 16 mars 2005, et liste des amendements pour une autre politique énergétique en France.

« La Commission a été saisie de 39 amendements portant articles additionnels avant l'article 1er présentés par M. Yves Cochet. Défendant globalement ses amendements, M. Yves Cochet en a rappelé la philosophie générale. Il a estimé que ce projet de loi, en proposant le développement de la filière nucléaire française comme unique réponse aux enjeux énergétiques et environnementaux mondiaux des prochaines décennies, témoignait de l'aveuglement et de l'irréalisme de ses auteurs, soulignant que le marché pétrolier était désormais totalement mondialisé. Il a rappelé que 80 % de l'énergie mondiale était produite à partir de matériaux fossiles, dont près de 40 % à partir du pétrole, tandis que l'énergie nucléaire représente uniquement 6 à 7 % de ce total, et les énergies renouvelables – hors grand hydraulique et bois de feu – moins de 1 %.

Il a estimé que, l'énergie électrique provenant essentiellement de la combustion du carbone ou de la filière nucléaire, la seule politique possible à court terme permettant de ne pas bouleverser les différents secteurs industriels reposait sur la promotion de la sobriété énergétique. À cet égard, il a estimé que les annonces du projet de loi sur la nécessaire diversification du bouquet énergétique, notamment par l'incorporation de 5,75 % de biocarburants dans le carburant à l'horizon de 2010, n'étaient absolument pas à la hauteur des défis à relever. Il a, en outre, rappelé que la production d'un litre d'éthanol ou de diester nécessitait une énergie équivalente pour le produire, et donc que le coût énergétique de production d'un litre de biocarburant et d'un litre de pétrole n'était pas comparable.

Rappelant que M. Claude Gatignol avait soulevé un problème important en indiquant que le prix du baril de pétrole était passé en moyenne de 26 dollars par baril en 2003 à 41 dollars en 2004, pour atteindre en moyenne plus de 44 dollars sur les trois premiers mois de 2005, avec les pointes à 55 dollars enregistrées récemment, il a jugé que cette augmentation se poursuivrait – contrairement à ce que la France a connu lors des chocs pétroliers de 1973 et 1979 ayant engendré une récession économique importante mais passagère – pour trois raisons :

• le terrorisme et la guerre, qui se développent à l'échelle planétaire, font peser une menace sur la pérennité de la ressource qui se traduit par une augmentation de son prix ;

• la demande de pétrole est aujourd'hui durablement plus importante que l'offre, ce qui ne peut entraîner mécaniquement qu'une augmentation du prix du baril ;

• le phénomène de déplétion de la ressource en pétrole deviendra de plus en plus significatif, dans la mesure où la capacité maximale de production de pétrole sera bientôt atteinte, faisant place à une nouvelle ère où la disponibilité de la ressource en pétrole ira progressivement en se réduisant.

Il a donc estimé que le choc pétrolier à venir n'aurait rien à voir avec ce que la France a connu, et que l'augmentation de plus de 100 % du prix du baril de pétrole en trois ans devrait inciter toutes les sensibilités politiques à une prise de conscience du problème. Il s'est déclaré scandalisé par le présent projet de loi et stupéfait qu'il ne contienne aucune mesure dans le domaine des transports. Il a estimé que la lecture du *Journal officiel* témoignerait bientôt de l'irresponsabilité et de l'aveuglement des décideurs face à l'urgence et l'ampleur du problème.

Estimant que M. Yves Cochet pourrait utilement exposer cette analyse lors de la séance publique, le rapporteur M. Serge Poignant a donné un avis défavorable à l'ensemble des amendements présentés par M. Yves Cochet, estimant qu'ils ne tenaient pas compte de l'articulation du texte et qu'ils étaient parfois redondants ou incompatibles avec les dispositions de celui-ci. »

*
* *

Je reproduis ci-dessous l'énoncé des principaux de ces amendements, en laissant de côté ceux qui se rapportent à différentes procédures administratives de mise en place de la politique que je proposais [1].

S'agissant d'un débat sur un projet de loi d'orientation censé définir la politique énergétique de la France pour une vingtaine d'années, les premiers amendements que j'ai défendus relèvent des grands principes et des objectifs généraux :

Amendement n° 1. En tant que bien de première nécessité, l'énergie réclame une stratégie spécifique : une politique énergétique. À cet égard, notre société est confrontée à la triple contrainte de la pollution de l'air et de l'effet de serre, du déclin des hydrocarbures, et des risques technologiques, au premier rang desquels le risque nucléaire. La politique énergétique de la France est d'abord basée sur la réduction de ces contraintes par la priorité donnée à la sobriété et à l'efficacité énergétiques.

---

1. Certains amendements ont été légèrement reformulés afin de faciliter la lecture du travail législatif souvent frappé de sécheresse juridique. Par ailleurs, j'ai publié il y a quelques années un ouvrage plus complet de même objet : Yves Cochet, *Stratégie et moyens de développement de l'efficacité énergétique et des sources d'énergie renouvelables en France. Rapport au Premier ministre*, La Documentation française, Paris, 2000.

Amendement n° 2. Différents modes d'action concourent à l'accroissement de la sobriété et de l'éfficacité énergétiques : les comportements attentifs des usagers, la suppression des gaspillages dans l'organisation de notre société, la recherche technologique, les standards de qualité et de construction des équipements neufs et la réhabilitation de bâtiments et d'installations anciennes.

Amendement n° 3. Les différentes sources d'énergie renouvelables sont ainsi définies :

Sources d'énergie renouvelables : les sources d'énergies non fossiles et non nucléaires (énergie éolienne, solaire, géothermique, houlomotrice, marémotrice et hydraulique, biomasse, gaz de décharge, gaz de stations d'épuration d'eaux usées et biogaz).

Biomasse : la fraction biodégradable des produits, déchets et résidus provenant de l'agriculture (comprenant les substances végétales et animales), de la sylviculture et des industries connexes, ainsi que la fraction biodégradable des déchets industriels et municipaux.

Électricité produite à partir de sources d'énergie renouvelables : l'électricité produite par des installations utilisant exclusivement des sources d'énergie renouvelables, ainsi que la part d'électricité produite à partir de sources d'énergie renouvelables dans des installations hybrides utilisant les sources d'énergie classiques, y compris l'électricité renouvelable utilisée pour remplir les systèmes de stockage, et à l'exclusion de l'électricité produite à partir de ces systèmes.

Consommation d'électricité : la production nationale d'électricité, y compris l'autoproduction, plus les importations, moins les exportations (consommation intérieure brute d'électricité).

Amendement n° 4. Les énergies renouvelables constituant des modes d'approvisionnement énergétique ne comportant pas de risques d'épuisement des ressources et ne présentant ni risques technologiques ni contribution à l'effet de serre, tout développement des énergies renouvelables apporte de la liberté au système énergétique.

Amendement n° 5. Les progrès de sobriété et d'éfficacité énergétiques, le développement des énergies renouvelables et la réorientation des transports doivent permettre progressivement de
libérer la France de sa dépendance vis-à-vis des combustibles
fossiles et du nucléaire, facteurs de pollution et de risques.

Amendement n° 6 La présente loi fixe un objectif de réduction
de 2 % par an à la consommation d'énergie finale. Cet objectif
correspond à une diminution de 60 % de notre consommation
d'énergie finale à l'horizon 2050.

Amendement n° 7. La présente loi fixe un objectif de réduction
de 3 % par an en moyenne à la consommation des énergies primaires fossiles. Cet objectif permet de réduire la consommation
de telles énergies à 38 Mtep par an en 2050 au lieu de 150
aujourd'hui.

Amendement n° 8. La présente loi fixe un objectif de réduction
de 3 % par an en moyenne de nos émissions de gaz à effet de
serre. Cet objectif revient à diviser par quatre nos émissions de
gaz à effet de serre à l'horizon 2050.

Amendement n° 9. Au vu de l'ensemble des risques présentés
par la filière électronucléaire, la France doit s'engager vers la
sortie du nucléaire. Aucune construction de nouveau réacteur ne
sera entreprise.

*La série d'amendements suivante tente de préciser de quelle
façon l'action publique de l'État peut encourager l'avancée vers
la sobriété :*

Amendement n° 10. En matière de sobriété et d'efficacité énergétiques et d'installations d'énergies renouvelables, l'État et les
collectivités publiques sont rendus exemplaires par la simplification des procédures administratives : guichet unique, principe de
subsidiarité et délais impératifs.

Amendement n° 11. Les objectifs de sobriété et d'efficacité énergétiques et d'installations d'énergies renouvelables sont appliqués aux procédures, bâtiments et équipements publics.

Amendement n° 12. Un Programme national de réhabilitation des bâtiments existants sera établi, comportant un ensemble de dispositions réglementaires, fiscales, financières, techniques et sociales, visant à répondre à l'exigence de sobriété et à augmenter l'équité sociale.

Amendement n° 13. La sobriété et l'efficacité énergétiques et l'utilisation d'énergies renouvelables sont favorisées dans les entreprises par des incitations fiscales liées aux performances énergétiques globales : consommations, déplacements professionnels et domicile-travail.

Amendement n° 14. Il est introduit un volet obligatoire sur la sobriété et l'efficacité énergétiques et l'installation d'énergies renouvelables dans les schémas d'aménagement et les plans locaux d'urbanisme, intégrant des objectifs quantifiés, la prise en compte des contraintes climatiques et du droit au soleil, ainsi que des préconisations d'intégration architecturale des énergies renouvelables.

Amendement n° 15. Les règles de financement du logement social sont adaptées à la prise en compte des surcoûts d'investissement liés à une amélioration de l'efficacité énergétique ou à l'installation d'énergies renouvelables, sans pénaliser les occupants.

Amendement n° 16. Il est créé un livret d'épargne pour la promotion de la sobriété et de l'efficacité énergétiques et de l'installation d'énergies renouvelables, sur le modèle des livrets A, dont les fonds collectés serviront à financer les investissements dans ces domaines.

Amendement n° 17. Le crédit d'impôt à plafonds élevés est généralisé pour les investissements dans la sobriété et l'efficacité énergétiques et l'utilisation d'énergies renouvelables.

Nous abordons maintenant quelques orientations qui concernent le secteur des transports :

Amendement n° 18. Très dépendant d'approvisionnement pétrolier extérieur, le secteur des transports, constituant la principale source de pollution de l'air et d'émission de gaz à effet de serre, doit faire l'objet d'une réorientation profonde. Il faut à la fois maîtriser la mobilité par les politiques d'urbanisme, d'aménagement du territoire et l'organisation logistique des entreprises, développer les transports collectifs, réduire les consommations de carburant des véhicules et améliorer les comportements de conduite des usagers.

Amendement n° 19. L'État encouragera et participera au financement des transports collectifs urbains.

Amendement n° 20. Pour les transports interurbains, voyageurs et fret, l'État encouragera et participera au financement du ferroviaire, de la voie d'eau et du cabotage maritime.

Amendement n° 21. La priorité est donnée aux piétons et aux vélos en réservant des surfaces minimales de voirie et en modifiant le code de la route.

Amendement n° 22. L'État fixera par voie réglementaire la mise en place d'une taxation du kérosène pour les vols intérieurs. En outre, l'État proposera ce dispositif aux autres États membres de l'Union européenne pour sa généralisation au plan communautaire.

Amendement n° 23. L'État fixera par voie réglementaire une augmentation tendancielle de la fiscalité des carburants.

Amendement n° 24. Il est instauré une vignette annuelle progressive, fonction de la cylindrée des véhicules.

Amendement n° 25. Dès l'année 2005, les moteurs des véhicules seront bridés afin qu'ils ne puissent dépasser la vitesse limite de 130 km/h.

Amendement n° 26. L'État proposera aux autres membres de l'Union européenne la mise en place, avant 2010, de l'interdiction de fabriquer, importer et commercialiser à l'intérieur de l'Union des véhicules légers de cylindrée supérieure à 1,5 litre.

Amendement n° 27. L'industrie automobile est fiscalement incitée à développer des véhicules propres adaptés aux petits trajets et aux livraisons en milieu urbain et périurbain.

Amendement n° 28. Les tarifs de péages autoroutiers sont modulés en fonction du nombre d'occupants des véhicules. Ces tarifs sont également relevés à proportion de la cylindrée des véhicules, poids lourds compris.

Une dernière série énonce diverses dispositions techniques ou sociales :

Amendement n° 29. Le recours encore nécessaire aux combustibles fossiles implique de choisir les sources et technologies aux plus faibles impacts en termes d'effet de serre et de rechercher les meilleurs rendements.

Amendement n° 30. Le chauffage électrique est interdit dans tout bâtiment ou habitation neufs.

Amendement n° 31. L'accès aux services énergétiques est garanti pour couvrir les besoins fondamentaux des usagers. Le niveau d'accès est différencié selon les différentes catégories d'utilisateurs. Au-delà du premier seuil, les tarifs sont progressifs.

Amendement n° 32. Dans un délai de deux ans à compter de la promulgation de la présente loi, un rapport issu d'un audit indépendant devra être remis au Parlement. Ce rapport devra évaluer et internaliser les externalités non comptabilisées dans les prix des énergies industrielles.

Amendement n° 33. Dans un délai d'un an à compter de la promulgation de la présente loi, un rapport sera publié fixant des objectifs indicatifs de production d'électricité par sources renouvelables, par filières et par région. Ce document constituera le chapitre « Électricité renouvelable » de la PPI (programmation pluriannuelle des investissements).

Amendement n° 34. L'étiquetage des bâtiments, des biens et des équipements consommateurs d'énergie est généralisé sur une échelle unique, réévaluée régulièrement, allant de A à G en fonction de leurs performances énergétiques.

Amendement n° 35. Est obligatoire, sur les factures, étiquettes et documents institutionnels et publicitaires des opérateurs, l'affichage de l'origine de l'énergie vendue pour les combustibles, les carburants et l'électricité.

Amendement n° 36. L'électricité produite à partir de sources renouvelables dispose d'une priorité d'accès aux réseaux publics de transport et de distribution. L'ordre de préséance entre les différentes sources renouvelables tiendra compte de leur caractère plus ou moins stockable.

Amendement n° 37. Afin de mettre à niveau la totalité du parc d'équipements électriques, il est mis en place, avant 2006, une réglementation imposant :

• pour les veilles : un interrupteur en amont, l'affichage de la puissance de veille et un objectif maximal de 1 watt en 2010 et de 0,1 watt en 2020 ;

• l'interdiction progressive d'ici à 2010 des technologies obsolètes (lampes à incandescence et halogènes, réfrigérateurs à absorption...) ;

• un seuil réglementaire de performance énergétique évolutif de tous les appareils électriques.

Amendement n° 38. Il est inscrit un volet pédagogique sur la sobriété et l'efficacité énergétiques et l'utilisation d'énergies renouvelables dans les programmes scolaires, de l'école primaire au lycée.

Amendement n° 39. Les citoyens sont mobilisés par une politique publique d'information et de communication, ambitieuse et permanente, sur la sobriété et l'efficacité énergétiques et l'utilisation d'énergies renouvelables.

Amendement n° 40. Un vaste programme de formation à la sobriété et à l'efficacité énergétiques et à l'utilisation d'énergies renouvelables est lancé dans tous les secteurs professionnels.

Amendement n° 41. Une charte pour l'avancement de la sobriété et de l'efficacité énergétiques et de l'installation d'énergies renouvelables encadre la publicité et la promotion commerciale.

Amendement n° 42. Afin de faciliter l'atteinte de l'objectif global de développement de la chaleur renouvelable, les actions de substitution d'un combustible non renouvelable par du bois, de l'énergie solaire ou d'autres sources d'énergies renouvelables pour la production de chaleur (chauffage ou production d'eau chaude sanitaire) peuvent donner lieu à la délivrance de certificats d'économies d'énergie.

Amendement n° 43. Un programme national de recherche sur l'énergie sera élaboré d'ici à un an, pour la période 2005-2010. La répartition des moyens financiers et humains entre filières de production d'énergie y sera proportionnée en fonction des choix inscrits dans la présente loi avec une équirépartition entre la sobriété énergétique, l'efficacité énergétique, les énergies renouvelables, le nucléaire et les combustibles fossiles, et les sciences humaines et sociales.

Amendement n° 44. Un prélèvement exceptionnel de 5 milliards d'euros est effectué sur le bénéfice net pour l'année 2004 de l'entreprise Total.

Amendement n° 45. Les directives européennes « Électricité renouvelable » (2001/77/CE) et « Efficacité énergétique dans les bâtiments » (2002/91/CE) seront transposées en droit interne avant le 31 décembre 2005.

Amendement n° 46. Les missions d'intérêt général définies par la présente loi se traduisent pour les collectivités territoriales par l'introduction dans le code général des collectivités territoriales d'un article précédent l'article L2224-31, intitulé « Énergie, sobriété et changement climatique », ainsi rédigé :

« Les Communautés urbaines et Communautés d'agglomération à titre obligatoire et toutes les autres structures intercommunales à titre optionnel assurent :

• la promotion et la participation aux actions de sobriété et d'efficacité énergétiques sur leur territoire. À ce titre, elles peuvent réaliser, faire réaliser toute action de maîtrise des consommations d'énergie sur leur territoire, en particulier dans le cadre des contrats de délégation de service public de distribution dans des conditions définies par décret. Elles peuvent également participer financièrement à ces actions sous forme de partenariat financier, d'aide à la décision, à l'investissement ou au fonctionnement ;

• la promotion et la participation au développement des énergies renouvelables et de la production décentralisée sur leurs territoires en s'appuyant en particulier sur les documents d'urbanisme et d'aménagement du territoire dans lesquels elles peuvent ainsi introduire des critères d'intégration des énergies renouvelables et d'efficacité énergétique dans les bâtiments qui entreront en ligne de compte pour la délivrance du permis de construire ;

• l'organisation du développement rationnel des réseaux de distribution d'énergie (gaz, électricité et réseaux de chaleur) dont elles ont la responsabilité en tant qu'autorités concédantes, en s'appuyant sur des Schémas territoriaux de développement des réseaux de distribution remis annuellement par les concessionnaires des réseaux de gaz, d'électricité et de chaleur ;

• la promotion de la sobriété et de l'efficacité énergétiques et des énergies renouvelables dans le cadre de l'ouverture des marchés de l'énergie en l'appliquant aux consommations de leur patrimoine ou en développant des campagnes d'information et de sensibilisation des populations ;

• la création et l'animation de plans locaux d'action pour la sobriété et contre le changement climatique avec élaboration de bilans territoriaux d'émission de gaz à effet de serre et impliquant les acteurs locaux de tous les secteurs d'activités. »

Amendement n° 47. Les missions d'intérêt général définies au premier article de la présente loi se traduisent pour les régions par l'introduction, dans le code général des collectivités territoriales, d'un article L4251-2 ainsi rédigé :

« En cohérence avec la politique énergétique nationale et le Plan climat, les régions réaliseront avant le 31 décembre 2008 des Plans territoriaux pour la sobriété et l'efficacité énergétiques, les énergies renouvelables et la protection du climat.

Ces plans consisteront notamment en :

• la collecte, l'organisation et l'analyse des informations relatives à la consommation et à la production d'énergie sur le territoire correspondant dans le cadre d'observatoires régionaux ;

• la construction de scénarios de consommation, de production décentralisée et d'émission de gaz à effet de serre pour 2020, y inclus un scénario "facteur 4" à échéance 2050 ;

• l'investigation des potentiels d'économies d'énergie par secteurs et types d'acteurs ;

• l'investigation des potentiels d'énergie renouvelable et de cogénération par secteurs et types d'acteurs ;
• la préparation d'un plan d'action visant à réaliser les objectifs par secteurs et types d'acteurs ;
• l'implication des citoyens et des acteurs locaux dans le processus depuis sa phase de démarrage.

Les modalités seront précisées par décret. Les Régions réaliseront leur plan en étroite concertation avec les intercommunalités concernées afin d'assurer une cohérence de l'ensemble. L'ADEME apportera un soutien financier et technique à la réalisation de ces missions. »

Annexe 4

Orientations principales des accords commerciaux selon le projet d'une Organisation mondiale pour la localisation (OML).

L'accord de l'OMC le plus connu est le GATT (General Agreement on Tariffs and Trade), qui définit les règles du commerce des marchandises. Dans le texte de cet accord, quatre articles sont plus particulièrement représentatifs de l'esprit des dispositions de l'OMC. L'article 1 du GATT est intitulé « Principe de la nation la plus favorisée » et stipule qu'il est interdit de discriminer entre différents fournisseurs étrangers de produits « similaires », clause qui, de notre point de vue, ôte toute efficacité aux accords multilatéraux sur l'environnement en ne permettant pas à un pays membre de l'OMC de défavoriser commercialement un pays irrespectueux de l'environnement, ou, inversement, de favoriser le commerce avec un pays soucieux de bonnes normes sociales et environnementales. Réécrit au sein de l'OML, cet article 1 deviendrait : « Sans préjudice de leurs biens et services domestiques, les pays réserveront un traitement préférentiel aux biens et services en provenance d'autres pays qui respectent les droits humains, les droits sociaux et l'environnement. »

L'article 3 du GATT [1], dit « Traitement national », serait trans-

---

1. Par souci de clarté, nous n'énoncerons plus, par la suite, le contenu et la critique des articles des accords de l'OMC comme nous l'avons fait pour l'article 1. Le lecteur intéressé pourra consulter les ouvrages suivants : ATTAC (Susan George), *Remettre l'OMC à sa place*, Mille et Une Nuits, Paris, 2001 ; Agnès Bertrand, Laurence Kalafatides,

formé en : « Sont encouragés les contrôles commerciaux qui permettent d'augmenter l'emploi local convenablement rémunéré, de renforcer la protection de l'environnement et, par ailleurs, améliorent la qualité de la vie dans les communautés locales et les régions des pays membres de l'OML. »

L'article 11 du GATT, intitulé « Élimination des restrictions quantitatives », deviendrait : « Sans préjudice de leurs biens et services domestiques, les contrôles commerciaux aux moyens de quotas, d'interdictions, de taxes, de droits de douane et autres charges sur les exportations et les importations devront réserver un accès préférentiel aux biens et services vers ou en provenance d'autres pays qui, dans les processus de production, de distribution et de commerce, respectent les droits humains, les droits sociaux et l'environnement. »

Enfin, l'article 20 du GATT, nommé « Exceptions générales aux règles de l'OMC », serait changé en : « Des exemptions pourraient permettre une intervention commerciale dans un grand nombre de domaines qui contribuent à l'avancement d'une localisation écologiquement et socialement juste. Par exemple, des sanctions contre les violations des droits de l'être humain ; des sociotaxes pour le renforcement des droits du travail et autres clauses sociales ; des écotaxes pour le maintien des normes environnementales, alimentaires et sanitaires ; la mise en application des traités environnementaux et sociaux ; la protection culturelle, notamment la possibilité de favoriser les films, émissions de télévision et publications locales ; la sauvegarde des communautés locales pour entretenir les économies régionales. »

L'Accord sur les obstacles techniques au commerce (TBT : Technical Barriers to Trade) est un autre accord de l'OMC, qui pourrait être réinitialisé au sein de l'OML selon le principe : « Toutes les normes et régulations environnementales et sociales internationales sont considérées comme créant un plancher de conditions pour le commerce entre les pays de l'OML. Tout pays muni de normes supérieures peut pratiquer la discrimination

---

OMC, le pouvoir invisible, Fayard, Paris, 2002. Le site de l'OMC : www.wto.org.

commerciale positive. Les pays pauvres, aujourd'hui financièrement incapables de respecter ces normes, recevront une aide destinée à les y hausser, et, une fois fixé un calendrier de mise en
œuvre de telles améliorations, pourront faire l'objet de discrimi-
nations commerciales positives. »

L'Accord sur les mesures sanitaires et phytosanitaires (SPS :
Sanitary and Phyto-Sanitary Measures) de l'OMC serait transformé en un nouveau principe de l'OML : « Toutes les lois et
régulations qui concernent l'alimentation et la sécurité alimentaire, notamment les régulations sur les pesticides et les biotech-
nologies, sont considérées comme créant un plancher de
conditions pour le commerce entre les pays de l'OML. Tout pays
muni de normes supérieures peut pratiquer la discrimination
commerciale positive. Les pays pauvres, aujourd'hui financièrement incapables de respecter ces normes, recevront une aide destinée à les y hausser, et, une fois fixé un calendrier de mise en
œuvre de telles améliorations, pourront faire l'objet de discrimi-
nations commerciales positives. Le principe de précaution est une
base suffisante sur laquelle établir des contrôles sur le commerce
lorsque les risques exigent une action, en l'absence de certitudes
scientifiques sur l'étendue et sur la nature des impacts
potentiels. »

L'Accord sur les aspects des droits de propriété intellectuelle
liés au commerce (TRIPS : Trade Related Aspects of Intellectual
Property Rights) serait réécrit selon le principe : « Les droits de
brevetage universel ne peuvent outrepasser les droits des communautés indigènes sur les ressources génétiques et biologiques
qu'elles détiennent en commun. Pour les produits, des redevances
peuvent être prélevées pour couvrir les coûts de développement,
ainsi qu'un niveau raisonnable de bénéfices, mais ces droits de
brevetage auront une durée limitée et devront entièrement rem-
bourser les parties dont le savoir aura contribué à l'entité
brevetée. »

L'Accord sur les mesures concernant l'investissement et liées
au commerce (TRIMs : Trade Related Investment Measures)
serait guidé par le principe : « Aucun investisseur individuel ne

peut utiliser les mécanismes internationaux de mise en vigueur qu'il pourrait invoquer directement contre la régulation des investissements d'un pays. La mise en œuvre de régulations domestiques sur l'investissement ne peut être contrainte par des règles du commerce, à condition que ces régulations améliorent les régulations sociales et environnementales intérieures et contribuent à l'avancement de telles améliorations dans les relations commerciales. »

L'Accord sur l'agriculture, à rebours des tendances actuelles, serait rédigé en suivant le principe : « Tous les pays seront encouragés à poursuivre l'autosuffisance alimentaire la plus complète. Ils ne pourront exporter et importer que dans le but de progresser vers une production locale soutenable et l'entretien du renouveau rural. Le commerce de denrées alimentaires impossibles à produire sur un territoire est possible lorsque ces denrées sont produites dans un territoire voisin. Le commerce à longue distance sera limité aux aliments indisponibles dans la région. Les pays exportateurs de denrées alimentaires utiliseront leurs revenus commerciaux pour accroître leur propre sécurité alimentaire et de telle sorte que cela bénéficie aux communautés rurales. »

L'Organe de règlement des différends (DSB : Dispute Settlement Body) de l'OMC serait converti, dans l'OML, selon le principe : « Si l'une des règles précédentes est utilisée par un État membre pour contredire un autre État membre qui aurait violé le principe "protéger le local, globalement", ce différend sera porté devant l'OML. Les groupes de citoyens et les institutions des communautés sont entendus lors des auditions ; ils ont la possibilité de poursuivre les entreprises pour violation du code de commerce de l'OML. Toutes les procédures judiciaires et quasi judiciaires telles que l'arbitrage seront entièrement transparentes et ouvertes au public. À la fin du processus, les sanctions commerciales sur les échanges internationaux et interrégionaux donneront lieu aux changements nationaux requis. »

Annexe 5

Le projet de Protocole de déplétion (version étendue).

« Considérant la vitesse croissante des changement de notre ère historique, notamment la hausse rapide de la demande énergétique depuis les deux cents dernières années ;

Considérant que l'offre d'énergie requise provient principalement du charbon et des hydrocarbures qui se sont constitués dans le passé géologique, de telles ressources étant sujettes à la déplétion ;

Considérant que le pétrole fournit 90 % des carburants pour les transports, qu'il est essentiel pour le commerce, et qu'il joue un rôle crucial en agriculture, nécessaire à l'alimentation d'une population mondiale croissante ;

Considérant que le pétrole n'est pas uniformément présent sur la planète pour des raisons géologiques précises, et que la majorité des réserves se trouvent dans cinq pays riverains du golfe Arabo-Persique ;

Considérant que toutes les grandes régions productrices ont été identifiées par la connaissance géologique et au moyen de technologies avancées ;

Considérant que le pic des découvertes est passé et que ceci conduit inévitablement à un pic de production avant la fin de la première décennie du XXIᵉ siècle, si l'on extrapole les tendances de la production passée et en l'absence de déclin radical de la demande ;

Considérant que le début du déclin de cette ressource critique affecte tous les aspects de la vie contemporaine, et a par conséquent des implications politiques et géopolitiques ;

Considérant qu'il est utile de planifier une transition vers un nouvel environnement, en prenant tout de suite des dispositions pour réduire le gaspillage énergétique, pour stimuler des énergies de substitution, et pour prolonger la vie du pétrole restant ;

Considérant qu'il est souhaitable de relever un tel défi par la coopération, pour aborder les questions du changement climatique, de la stabilité économique et financière, et les menaces de conflits pour l'accès aux ressources critiques,

il est aujourd'hui proposé que

un accord universel devra mettre en œuvre les mesures suivantes :

1. *Réglementation.* Chaque État contractant réglementera ses importations et ses exportations de pétrole.
2. *Contrainte sur la production.* Hormis pendant une période provisoire d'exemption précisée ci-dessous, aucun pays contractant n'extraira plus de pétrole que ne lui permet son taux de déplétion annuel spécifié à l'annexe 1.
3. *Importations.* Chaque État contractant réduira ses importations de pétrole jusqu'au taux de déplétion mondial courant, déduction faite de sa production intérieure.
4. *Exemptions.* Des exemptions provisoires s'appliqueront pendant cinq ans à certaines catégories d'hydrocarbures, qui pourront

être librement produites et commercialisées : les liquides très légers ou lourds ; les liquides polaires ou offshore profond ; les gaz et huiles synthétiques dérivées ; les liquides provenant de pays produisant moins de 50 000 barils par jour, en moyenne pendant l'année précédente.

5. *Vérification des réserves.* Chaque État contractant aura le droit, comme condition de délivrance des licences d'importation, d'identifier les champs spécifiques d'où proviennent les importations, d'organiser sur place des audits techniques des réserves permettant de déterminer la disponibilité future de ses approvisionnements en provenance de ces champs, et de contrôler les résultats de tout cela, sans restriction de la part du pays exportateur contractant.

6. *Révisions.* Les dotations et taux de déplétion attribués à l'annexe 1 s'appliqueront pour une période de cinq ans, après laquelle tout État pourra proposer d'amender ladite dotation sur la base des procédures statistiques spécifiées à l'annexe 2, et les autres États contractants devront accepter un tel amendement sous réserve d'un audit technique de sa justification.

7. *Mesure.* Chaque État contractant devra mesurer sa production selon des normes industrielles, et autoriser des inspections et vérifications par les autres États contractants.

8. *Implémentation et exemption.* Un État contractant devra allouer des restrictions de production à chacun de ses champs proportionnellement au taux de déplétion de ce champ quel qu'en soit le propriétaire, sauf pour les champs exemptés parce qu'ils produisent moins de 15 000 barils par jour ou parce qu'ils n'ont pas encore sept ans de production.

9. *Politique générale.* Chaque État contractant devra mettre en œuvre des politiques de déplétion pétrolière, y compris par des mesures fiscales.

10. *Entrée en vigueur.* Chaque État contractant devra réellement et équitablement mettre en œuvre ce Protocole et prévenir les transgressions par les mesures effectives et appropriées, jusqu'à refuser les licences d'importation ou d'exportation.

11. *Entrée en vigueur.* Les signataires du Protocole formeront

un secrétariat pour contrôler et administrer la substance du Protocole et pour formuler des recommandations pour les révisions et amendements appropriés. Les pays signataires financeront le secrétariat proportionnellement à la somme de leur production et de leur consommation de pétrole.

12. *Initialisation*. Le premier pays à adopter ce Protocole nommera un responsable pour organiser l'engagement. Un comité *ad hoc* sera formé par les responsables des cinq premiers pays signataires, les décisions se prenant à la majorité. Des élections à un collège exécutif permanent se tiendront lorsque dix pays seront signataires. »

Table des figures

Table des matières

273